如 果
父母老后
难相处

Coping With
Your Difficult Older Parent

[美] 格雷丝·勒博　[美] 芭芭拉·凯恩 著　刘慧玉 译

四川人民出版社　　　　　　　　　　　　后浪出版公司

| 序 言 |

1982年，我们成立了"暮光服务网"（Aging Network Services，http://www.Aging NetS.com）社工看护管理机构，专门协助老年人及其家属。我们随后发现，在这些前来寻求咨询的成年子女（我们觉得此名称比"成人子女"适合）当中，为"麻烦"父母感到焦虑的比例超过了一半。之所以用"麻烦"来形容，并不是因为照顾父母所带来的体力负荷，而是当父母让子女不知该怎么帮忙时所感到的心力交瘁。许多个案中的子女很早便与父母保持有形或无形的距离，而当父母年老体衰时，他们便不得不重新面对这段关系。像这样的例子，数年来我们已协助了许多客户及他们的麻烦父母。

格雷丝的婆婆在世最后几年，由她和先生欧文负责照料，这段经历让她亲身体会到当家中有麻烦父母时，家属的为难之处。正因如此，我们兴起了出书帮助更多人的念头。在征询过专业人士与一般人的意见之后，我们更加确定这是当务之急。

此书填补了老年看护文献的一块空缺。谈看护的优秀著作有很多，但深入探讨父母麻烦行为的书籍却付之阙如。研究问题人格的论著也汗牛充栋，其中多从治疗患者出发，至于旁人该如何协助这类患者则几乎没有着墨。这类文献更是几乎不谈老年人口，因为有人格障碍的老年人很少寻求治疗。

本书中绝大多数案例都来自我们的实际经历。我们邀请50位客户协助填写"父母的难相处程度有多高"调查问卷,据此建构出大致框架,再与之深谈,以进一步了解其父母的人格及亲子相处情况。这些参与者不吝奉献时间、热情和精力,对此,我们无比感谢。当然,为了保护主角的隐私,书中所有的故事和人名都经过更改。我们深盼在此能一一指名道谢,但因隐私之故,不得不留此遗憾。

有一位,我们得以开心地实名致谢:玛丽·德鲁西。感谢她辛勤校稿,以确保内容精确。身为备受推崇的临床医生,玛丽是临床社会工作研究所(Clinical Social Work Institute)的主要推手。

最后则需解释一下本书谈及我们与客户对谈时的立场。用"咨询师"感觉很怪,而在有两名作者的情况下,用"我"也不恰当,因此我们采用复数第一人称"我们",尽管客户前来寻求协助时,对谈的只是我们其中一人。

格雷丝·勒博与芭芭拉·凯恩

马里兰州贝塞斯达

致你那难相处的父母 —— 只盼他们的苦痛能稍微获得理解

| 目　录 |

2

泼冷水型父母（上）

昨天我还是全世界最棒的儿子，今天却变成没心肝的东西。

3

泼冷水型父母（下）

我不需要你们教我怎么做。

4

自恋型父母

我妈是太阳，其他人不过是绕着她转的行星。 —— 63

5

控制型父母

每天早上 9 点准时打电话给我。 —— 81

6

自毁型父母

我爱吃多少就吃多少。 —— 103

7

恐惧型父母

我妈总怕我生病，只要我 流一点点鼻涕就帮我请假。 —— 117

8

陪父母面对老年课题

9

陪自己优雅快乐地变老

| 前 言 |

成年子女与年长父母的相处

只要电话一响，我总怕是我妈打来骂我，说我又做错了什么事。

我永远没办法去度假。每当要出发之际，我母亲就会刚好生病，我只得留下来照顾她。

我实在不知该拿我妈怎么办。她成天跑诊所，以为能找到神医，不想却是越看越糟。

我爸完全不知道我对任何事情的看法。什么都是他说了算，而他始终认为我跟他想法一致。

昨天我还是全世界最棒的儿子，做什么都对，今天却成了"没心没肺的东西"。究竟她的标准何在，我从来没搞懂过。

爸妈老是说不要成为我的负担，却又否决我的一切建议。他们只想要我在他们身边。

这些都是我们每天从客户口中听到的典型陈述。如果你对此心领神会，那么颇有可能你已感觉无计可施，绝望不已。你为父母做尽一切，换来的唯一结果却是自己的日渐低迷。你甚至可能会说，父母的个性实在让人"很难招架"。

下文我们提供的"父母的难相处程度有多高"调查问卷中，包含41种难相处的行为，上面所述只是其中6种。如果客户首次来访，说自己不知如何应付那难相处的父母，我们就会请他们花几分钟时间填写这份调查问卷。客户往往会惊讶地发现，父母的行为与当中某些描述竟如此吻合。而在知道还有其他更难应付的长辈时，他们都不禁松了一口气。等听到我们表示，他们与父母的困境不是没有解决之道时，他们更是难掩欢喜之情。

调查问卷：父母的难相处程度有多高？

此问卷能帮助你初步了解父母"难应付"的程度。问卷中包含41种麻烦行为，并被归纳成6大类。请在符合你父母行为的项目中打钩，并计算总数。

1 依赖行为

你的父母是否：

☐ 无法忍受独处，希望你能时刻相伴

☐ 与你分离在即时，立刻表现出身体的不适或明显的不快

☐ 对成年子女及他人提出无理要求

☐ 紧紧依附某人（如女儿），凡事皆靠其打理

☐ 无法自行做主或为决定负责，一丁点琐事都要依赖子女或他人

☐ 你知道他/她需要帮助，但他/她却坚持不肯让人帮忙

2 泼冷水行为

你的父母是否：

☐ 看人不是极好，便是极坏。同一个人可以今天什么都好，明天却什么都不对

☐ 极端负面，满腔怨言

☐ 对别人极度挑剔，自己却无法承受别人的责难

☐ 不讲理

☐ 总要别人让步

☐ 自己老是爱发脾气，看什么事都不顺眼，却对与自己同样性格的人毫不留情地批评

☐ 容易暴怒，像是乱摔东西、辱骂别人

☐ 疑神疑鬼，充满戒心，有时简直到了偏执的地步

☐ 不让人接近，甚至切断往来

3 自恋行为

你的父母是否：

☐ 自我形象扭曲，一方面自认与众不同，另一方面又觉得低人一等

☐ 只从自己的角度看事情，从不在乎会对别人造成什么影响

☐ 对他人的需求无感，却自以为宽厚慷慨

☐ 自己的地盘不容侵犯

☐ 嫉妒别人

☐ 成天喊着不舒服，让人搞不清是真是假

4 控制行为

你的父母是否：

☐ 利用罪恶感和阿谀谄媚等手法操纵他人

□ 具有被动攻击的人格，以被动举止折磨人，例如不断拖延、拒绝沟通等

□ 容易激起他人的无助或愤怒，实际上反映的是自己内心的情绪

□ 生活方式不容挑战，无论是一般琐事（饮食、穿着）或重要的价值观（教养小孩）

□ 若控制对象的反应不如预期，譬如没有随传随到，马上便怒不可遏

□ 要求过分，造成反效果

5 自毁行为

你的父母是否：

□ 曾有酒精、毒品或药物成瘾等问题

□ 曾有饮食失调问题，例如饮食无度或拒绝进食

□ 曾有某些强迫性举止，像是赌博、拉扯头发、不断清洗等

□ 不断发生意外

□ 自讨苦吃，例如不遵守饮食限制或不肯服药

□ 曾有自杀倾向，或威胁有此打算

6 恐惧行为

你的父母是否：

□ 杞人忧天，一直担心个不停

□ 容易恐慌

□ 有许多莫名的恐惧，例如害怕人群、细菌等

□ 有睡眠障碍

□ 行为充满仪式感，也很迷信

□ 有不切实际的期望，如不断换医生，认为总有一天能碰到神医

□ 拒绝面对现实，如疾病征兆

□ 一天到晚身体不适，而这也许是真的，也许是想象

打钩总数 ＿＿＿＿＿

总数小于或等于 10，父母难相处的程度算轻度；总数 11 到 20，属于中度难相处；总数达 21 及以上，属于重度难相处。

如果父母老后真的很难相处

希望你确实有花几分钟时间完成"父母的难相处程度有多高"调查问卷，并得出分数；倘若没有，最好能回头仔细完成，因为这份调查问卷能让你从各种问题行为判断父母的状况。再者，本书针对调查问卷的6大类型各个击破，因此明白父母所属的类别，你将能从中获得更多帮助。

为面对父母时感到束手无策的你提供有效指引，是我们撰写本书的出发点。我们各自拥有25年以上社工师的资历，为老年人及其子女提供从咨询到看护管理的全方位协助，比如帮老人家找到居家看护等服务，或是辅导家人做出是否搬家、搬到何处等这类重大决定。

前来找我们晤谈的成年子女当中，至少超过半数认为自己的父母很难相处。比例如此之高，原因不难理解：如果父母开明又好沟通，即便面临棘手状况，你自己也能帮他们解决；而当父母的行为与调查问卷中的项目有若干符合，甚至让你万念俱灰时，你就会选择寻求专家帮助。正因为有过协助数百位这种类型老人家的经验，我们才得以制作出有关老年人问题行为的完整调查问卷。

大多数老人家在其成年子女心中一直是很难相处的，这不仅使亲子关系蒙上阴影，子女的一生更是深受困扰。有些子女因而选择与父母保持距离，甚至不闻不问，但当父母老弱而被迫出面照顾时，却发现父母过往的问题行为不仅未曾消失，还因为老来病痛和晚年生活的失落而愈演愈烈；另一方面，子女过去的情感包袱一直都在，蠢蠢欲动。父母也可能因不堪疾病、伤痛等打击，到了老年才变得难相处。若是如此，老人的症状便颇有机会随着时间流逝或适当治疗而恢复，不像终生习性那般难以摆脱。但也有例外，尤其是阿尔茨海默病或严重中风这类慢性疾病造成的脑部损伤，尽管面对这种情况有些简单的应对之道。

本书汇集了多年来我们协助成年子女度过此种困境的经验，它也能帮助你。也许你深信没人会比自己的母亲更难缠，我们则盼望通过书中的各种案例，你能从中发现扭转局面的新曙光。

◇ 绝大多数情况下，父母难相处是终生习性的问题。
◇ 若父母的麻烦行为老来才出现，则其消失的机会相对颇高。
◇ 这是一个相互的问题。
◇ 你比父母拥有更大的调整空间。

与父母相处上的困境仍然有解

父母的难相处让你无计可施，彼此的关系看来再难改善。请先别绝望，几乎在任何情况下，或多或少仍有补救之道。你不也是抱着一线希望才打开本书的吗？

作为一个负责任的成年子女，首先必须了解问题并不在某一方。你若只聚焦在父母的问题行为上而没想到彼此间的关系，便很难走出困境。一般而言，麻烦人物并不会意识到自己在旁人眼中的形象，反倒经常觉得别人很有问题。

即便父母明白自己的个性偏差，但谁更希望看到改变呢？更要紧的是，谁更有调整空间呢？当然是你——尤其如果你的父母已经一辈子都这样的时候。

此书的作用之一，是让你看到这令人痛苦的亲子关系是有可能突破的。前来找我们咨询的子女们无一不感到陷入僵局，无论试图做什么或如何尝试，情况永远不变。父母使他们抓狂，而他们每次都以同样的方式回应，然后又不断得到父母的负面反馈。继续阅读，你会看到一个又一个例子。

扭转局面，意味着重新认识你与父母之间出了什么差错，以及该如何补救。也许你是个彻底的乐观主义者，曾经不断尝试改变你母亲，坚信只要如此，你们的感情即可升温。也许相反地，你是个彻头彻尾的悲观主义者，对父母的任何改变皆不抱希望，只是万念俱灰地顺从他们所有的要求，或者干脆断绝往来。

本书将为你的无能为力指一条出路。也许你对自身处境尚无清楚的自觉，此书能帮助你厘清，让你了解父母的问题，进而使你能够更加包容并关心父母，同时也能更自由自在地过好自己的生活。但请谨记：这绝非一蹴而就。就像所有值得努力达成的目标，你得付出时间和耐心，并且辛勤耕耘。

我们的一位客户后来已经能够说："以前我总认为自己有毛病，不能像朋友那样爱自己的妈妈。现在我终于明白，那是因为我妈很难相处。她总是爱挑人毛病，对我也不例外，我怎么做都不对。虽然我并未因为有此认知而变得比较爱她，但我已经可以接受她是个缺点很多的妈妈了。"

书中的许多例子显示，成年子女可将父母的问题行为归结于背后的深层原因。这层体认绝对有助于改善你与父母的相处模式。我们也发现，即便不了解背后成因也没关系，明白父母的行为有其背景因素才最重要。这能让你懂得父母并非任性妄为或存心找碴，他们其实是不由自主的。也许母亲一生饱受某种人格障碍之苦，尽管如此，她仍不断设法加以控制，度过许多风风雨雨，但随着迟暮而来的身心疲惫，这个包袱终于令她难以负荷。

有此体认之后，你就能以崭新的视角看待父母。你会变得不再那么容易生气，并且比较有同理心。你会学着不再耗费心力去改变父母，而是寻找有建设性的、实际的方式接纳他们。我们通过这种方式帮助了许多客户，也希望能借此书助你一臂之力。

◇ 改变意味着跳脱过去的自我，尝试不同做法。
◇ 有了理解，就不容易恼火。

| 本书架构 |

本书共有9章与一个简短附录，前7章将系统性地介绍前述调查问卷所涵盖的麻烦行为，一大类一个章节——除了泼冷水行为，因内容繁多而占了两章篇幅。每一章都有我们从实际经历中挑出来的案例。当然，情节已略做修改，人名亦全属虚构。透过这些例子，你会看到我们对父母特定行为所提出的应对之道。根据经验，成年子女想学会换个方式跟父母沟通，角色扮演是极其有效的方法。此外，我们也提供了许多范例与建议。无论父母是终其一生个性难缠，或是老来才变得如此，书中都有描绘。

如果需要的话，你可以先翻阅与你父母问题最相关的章节。假设母亲莫名的恐惧让你束手无策，你大概会忍不住马上跳到第7章去阅读；但由于每一章都基于前一章所述，我们建议你还是再回到开始处，从头读起。6类行为其实息息相关，透过认识其他类型的行为，更能帮助你了解父母的状况。

最后两章跳脱调查问卷，探索两个关于老年的议题。第一个议题放在第8章，谈论如何面对并悼念亲友故去。这对个性麻烦的人会显得格外艰难，间接地也造成子女很多困扰。第9章说的是很多子女害怕自己会步上麻烦父母的后尘，我们意在指出：即便你在自己身上发现父母令人头大的影子，你也绝对有办法不成为麻烦人物。

附录介绍几种学说，阐述老年人麻烦行为的可能根源。

1

依赖型父母

你跑到哪里去了?

依赖型父母的行为特征

当你的父母:

- 无法忍受独处,希望你能时刻相伴

- 与你分离在即时,立刻表现出身体的不适或明显的不快

- 对成年子女及他人提出无理要求

- 紧紧依附某人(如女儿),凡事皆靠其打理

- 无法自行做主或为决定负责,一丁点琐事都要依赖子女或他人

- 你知道他/她需要协助,但他/她却坚持不肯让人帮忙

指望儿子随传随到的碧

阿尔提心吊胆地拨了电话。此刻他站在剧院大厅的公共电话旁。幕布即将在几分钟后升起。他们夫妻俩刚在附近餐厅简单果腹，便匆匆赶来。但在享受一晚娱乐时光之前，他深知如果没有先给母亲打这通电话，后果将不堪设想。这是惯例。只要他没办法去她那儿，就一定要电话禀报。这会儿的问题是：他比平常晚了半小时打电话。

他不确定母亲会如何反应，有时她并未留意到电话来得有些迟，甚至有时即使注意到了也没怎样。可惜今晚不是。当他对着接通的话筒送出温暖的招呼"嗨，妈"，耳朵传来的是冰冷愤怒的声调："你到底去哪里了？我找了你整晚！""妈，我在剧院。米丽娅姆和我今天都忙到很晚，我们差点来不及吃晚餐。我得在2分钟内入座，不过我想先打来看看你今天好不好。""我好得很。"母亲的答复既冷又硬，随即切断电话。"你知道吗？她挂我电话。"阿尔走出电话亭对米丽娅姆说。"希望你没被吓到。"米丽娅姆边说边坐下。阿尔是没被吓到，毕竟他可以说是经过千锤百炼了。但不管经历过几回，又拼命努力不去在意，仍不免感到受伤。接下来整晚，他的心思在舞台和方才那通电话之间游走，不断地想：究竟该怎么做、怎么说，才不会变成这种局面？过去的惨痛经验让他学会要及早打电话过去，而为了让妈妈开心并消弭自己的歉疚感，他更是每周去探望母亲两三回。

话说回来，"开心"是个相对概念。事实上，阿尔88岁的母亲碧，从来都不开心。就阿尔记忆所及，妈妈总是抱怨个不停，随着年老体衰更是变本加厉。以往有宠她的老公、听话的孩子和稳定的经济状况，她还算过得去；如今老伴走了，自己的健康状况又不佳，她可有的抱怨了。

在阿尔看来，母亲的问题在于她太过依赖。她一辈子就依靠着先生，从来没有自己的朋友。邻居妈妈们会凑在一起打打桥牌或麻将，她从不加入。阿尔记得小时候，母亲每晚焦急不已地等待父亲回来的画面：日复一日，年复一年，父亲准时7点踏进门，而日复一日，年复一年，母亲总是这句招呼："你上哪儿去了？为什么不能早点回家？"

这份依赖感与日俱增，如今没了老伴，她便指望儿子随传随到。阿尔其实乐于照顾母亲，问题是，他想着自己连轻松看场戏都不行，这也太没道理了。他到底该怎么做才好？

你不是唯一和父母相处时深感绝望的人

阿尔夫妻俩为母亲头痛了许久，问题却日渐棘手。他们对碧百依百顺，尽力避免惹她不快。周一和周四固定上门探望，周日则去载她回来一起吃饭，大小节日也从不敢忘记。总之，碧希望怎样，他们就配合。这么做虽不能减轻碧的抱怨，倒也让局面维持在合理的可控范围内。

有时他们会忍不住跟她理论，比如当她在苛责保姆或亲戚时。这种"站在他们那边"的举动会让碧大为光火，然而过了几天也就没事。但这种如履薄冰的日子让阿尔越来越气恼，他怀疑自己是否应该给她一些教训，告诉她自己深受其辱，要她道歉？她是不是该学着为自己的言行负责？阿尔举棋不定，困惑不已，直到剧院事件，他才明白情况必须改变，他需要寻求专家的帮助。阿尔的故事，是我们每天从客户那里听到的典型状况。而阿尔从我们这里得到的第一个收获是，原来有那么多人面临着同样的困扰，却坚信世上没有任何父母会像自己的父母那样难缠。仅仅这点认知，往往就足以为成年子女带来极大的安慰。

阿尔夫妻也学到明确的应对技巧。当你读下去就会发现，其中很多方法不仅能帮助他俩，也适用于其他有类似处境的人。如果你的父母跟碧的情况有些雷同，或许你也会从中发现新曙光。

◇ 不管是找咨询师或加入互助团体，求教很重要。意识到原来有那么多人跟你有同样的处境，会让你感到如释重负。

◇ 别失控地对父母发火，那只会伤害彼此，完全无济于事。

对父母的要求设定界限

跟一般人遇到同样情形时一样，阿尔和米丽娅姆的某些反应是身不由己，但却对事情毫无帮助，比方说他们会怒气高涨以致失去理智，然后对碧大喊大叫。然而，无论父母让你多么受挫，愤怒都无法解决问题，反而只会让双方更难过。母亲看不见自己的问题，只看到儿子容易暴跳如雷；就算在你的强势之下道歉，她也完全没有理解原因何在，更无法吸取教训。

此外，阿尔夫妻俩还会试着跟碧理论。剧院风波后第二天，阿尔和他母亲的这场对话，描述了这么做有多么无济于事。

阿尔：妈，你要我每晚打电话给你，但我偶尔总会有事啊！

就像昨晚我和米丽娅姆去看戏，但我还是想到要打声招呼免得你担心，所以从剧院打给你。

碧：你到6点都没来电，简直把我急疯了！你有空做这做那，就是没空给老妈打个电话。

阿尔：（逐渐失去耐性）所以只要我没准时打来，你就开始担心。但你应该了解，我不可能每次都能准时的嘛！

碧：（不吭声，眼神冰冷）

阿尔：（怒气分秒攀升）我真没见过像你这样不讲理的人。我不可能每次都达到你的期望。好吧，如果你不肯改，那就准备担心吧！

其实，阿尔从剧院致电母亲后的反应，是不是跟母亲对他的态度很像？他觉得自己遭到拒绝，还被挂电话，不禁怒从中来，便对母亲指出她应该要有的表现，而这正是母亲每次对他不满时会有的反应。如果你的父母与碧有那么点雷同之处，你一定会感同身受，但请小心，别有样学样。

心中累积了那么多怨气，阿尔难免会发火，对象自然是母亲——都是她，总爱牵着他的鼻子走，又老是那么不讲理。可是一旦冷静下来，阿尔又会责怪自己：妈妈对其他人并不会这样，那么或许是自己有问题。

在这些冷静时刻，阿尔便会再次跟母亲讲理，希望她能有所改变，虽然从来没用。但要期待像碧这样终生依赖惯了的人独立，未免太不切实际。阿尔若想要好过些，就得从另一面切入：调整自己回应母亲的模式。我们告诉阿尔，他不能为了不惹母亲生气而总是顺着她，这样长久下来，他一定会受不了。我们向他解释，他得先想好自己能做到的合理范围，然后坚持原则，这方法也适用于你。假如你母亲总是催促你前往探视，而你认为没必要或你不想如此频繁，就想好最恰当的频率；假如你母亲太常来电，有时不妨让录音机来应付。

一开始，你母亲大概会不高兴，可能也会一直念念有词，但你必须坚持下去，因为那是你的底线。为了自己好，你必须如此，也唯有如此，才能维护你与母亲的关系。有时你可能需要某种提醒。我们就建议阿尔准备一个日历图表，在探望母亲和打电话的日期上面加注。"跟米丽娅姆一起决定好，然后把它贴在冰箱门上，提醒彼此有这份承诺。"

◇ 当心别步上父母的后尘。

◇ 不要责怪自己或父母。找代罪羔羊只会让问题恶化。

◇ 不用跟妈妈说理，她的行事本就不是出于理性。

阿尔接受劝告划出界线。要这么做很不容易，但非常值得。下面是他在那之后跟母亲的一次通话内容。请注意他没有试图说理，也没有争执或责怪彼此。

阿尔：嗨，妈，你今天还好吗？

碧：你以为呢？我该怎样？我担心得要命，成天巴望我那孝顺（语调讽刺）的儿子回家看我。

阿尔：（以往会被激怒，这回则改变话题）妈，你的孙女在学校画了一幅很棒的画，我准备带去给你瞧瞧。

碧：太棒了。我还真是好久没见到她了，我很想她。你是该带她来给我瞧瞧了。

阿尔：我们这个星期天会一起过去。记得吧，那是我们的全家团聚日，我们会带早午餐。

碧：是呀，我就只值一个星期天的份。

阿尔：我期待周日的来临。再见，妈。

◇ 事先说好你办得到哪些事，做不到哪些事。
◇ 保留弹性，照顾自己。学会减压，幽默是万灵丹。

注意碧在儿子每句话之后所流露出的依赖与不安。找我们咨询之前，碧的这些反应总会让阿尔跳脚，母子关系开始紧张；现在阿尔有了新的对策，他把母子见面的次数降到一周一次，其间的电话联系也采取不同态度，积极回应妈妈的每一个抱怨。他强调自己能够做的，不谈他办不到的事，而且不为此自责。最重要的是，他不再聚焦于彼此的争执，而能开始同理妈妈心底的不好受。

这当然不是一蹴而就的事。在习惯之前，需要时间练习。起先你甚至会觉得情况变得更糟，但成果却绝对让你惊喜。

照顾好自己的身心健康，你若病了，大家都会跟着受苦。度个假，拿出幽默感，尝试任何有效的方法消除压力。30多年前，美国童书作家丹·格林伯格（Dan Greenburg）出版了一本洞悉人性的小书《如何成为一个犹太母亲？》（How to Be a Jewish Mother），本书描述了传统的犹太母亲如何对子女保护过度，并精于让他们产生罪恶感。格林伯格以此大开玩笑，介绍了他所谓的"犹太妈妈基本原则"：让孩子每天听到你叹息；要是他压根还没做出让你难过的事，放心，他迟早会的。碰到状况时，试着幽默以对，往往还真能管用呢！

阿尔从咨询师那里学到的最重要的一点是，像他母亲这样的人为何会如此。那是由于让她饱尝终生的痛苦和不满，这些阴暗面化为人格，并透过种种麻烦行为传递给他人，而她自己却浑然不觉。表面上看来，她自己应该清楚这一点，毕竟她是这么聪明。但其实这些行为没有理性可言，也与智力无关。阿尔现在的态度背后，是对这项重要事实的理解。

一旦对母亲的人格举止有此认识，你就能像阿尔一样停止愤恨和受挫，转而同情与怜惜她所承受的折磨。你会更知道怎么应对，从而让彼此不再那么剑拔弩张。想产生这种理解，可以努力回想母亲或其他亲人曾提过有关她早年的任何事情。我们有位客户这么形容："了解我妈之后，我便不再那么恨她了。"另一位则更上一层："我因此更爱我妈了。"

下面要谈的另一位母亲，个性与碧如出一辙，成因虽然不同，却一样难相处。

◇ 学会理解父母内心深处其实也深藏着痛苦，而那正是这些难缠行为的根源。

［案例2］

一听到儿子要离开就生病的罗丝

"好难受啊！我很不舒服，头痛得好厉害！你什么时候过来呢？我好孤单啊！"

"我晚一点会过去，妈。我先请护士过去看你。"

妈妈充耳不闻，不断喃喃重复道"好难受啊……"，宛如唱片跳针。莫顿的母亲罗丝，住在邻近儿子家的一家养老院。老伴乔15年前过世是她至今仍走不出来的严重打击，原本就不明朗的世界变得更为灰暗，但她努力撑住孤单一人的日子。

住在附近的女儿们是她仅有的朋友，她们来往频繁，每天联络，直到其中两个女儿先后去世，最后一个女儿得了绝症。罗丝的健康状况也愈来愈糟，除了寸步难行，还饱受慢性胃病折腾，眼睛更在白内障手术后不停流泪，还有其他大小病痛让她成天抱怨个不停。

老伴离开后，唯一的儿子莫顿和媳妇葛莉塔虽然住在千里之外，但他们很照顾她，每年数次飞来探视之外，也会邀请她过去住上几日，并帮她处理财务，安抚被她没完没了的索求和抱怨惹毛的房东。最后他们发现罗丝实在无法独自生活，经过多次探访与痛苦的沟通，终于让她接受现实，同意搬去他们那个城市。

问题是，她要住哪儿？他们知道母亲很想住进他们家，虽然从不明说，却曾多次暗示，但他们明白这万万不可。没有事情能让她开心，他们的日子将变得很悲惨。夫妻俩婉转地解释说，尽管很想邀她入住，但卧房全在二楼，她的状况恐怕无法应付上下楼梯的折腾。这个事实让他们得以略过真正的原因，但夫妻俩心里仍不好受。最后，他们终于说服罗丝住进不远处的养老院。就她的状况来说，里面一应俱全。

罗丝虽然了解楼梯问题确实无法克服，但还是跟护理人员埋怨儿子和那个"女巫"媳妇不让她同住，说自己根本不该离开原来的住处，会变成这样还不都是"被他们逼的"。她觉得在这里好孤单，其他住户冷淡又不友善。

她的胃痛变得愈加难受与频繁，而一有任何不适，她从不找中心值班护理人员，而是打电话给莫顿。问题是，她的状况实在多到让人无法区分是真是假。莫顿气妈妈常用假病使唤他，但若发现她确实不舒服，便又自责不已。罗丝最近一次来电是在一个周日上午11点。莫顿和葛莉塔马上要动身前往机场，他们准备去加勒比海度假一个星期。他致电养老院，请护士看看他母亲今天情况如何。电话刚刚放下，那如同跳针唱片的抱怨电话便响起了。"妈，护士马上就到，你放心，她一定有办法让你舒服点的。我每天都会打电话给你。你没事的。"

回话千篇一律，"好难受啊！我好不舒服啊！"

改变回应父母的方式

后来呢？莫顿夫妻俩顺利去度假了吗？还是不得不取消原定计划？不难理解，这种情形经常发生，有时他们怀着满腔罪恶感动身，有时则取消全盘计划，心中又气又恼。这回便属于后者，只是莫顿积怨已久，终于决定求助。

莫顿说他们实在受不了了，每次要去哪里，母亲就开始不舒服；一听他们不去了，病痛马上神奇消失。他们相信她根本是在装病。两人曾试着多给她点时间做好心理准备，情况却只会更糟：越早听到他们要离开一阵子，她身体的不适就拖得越久且越厉害。

经过咨询，莫顿了解原来那是母亲面对压力时的反应。例如她60多岁时动了白内障手术，这让她陷入严重低潮，一口咬定医生敲她竹杠；术后多年，她不停流泪，口中念念有词："一只眼睛要600美金……"搞得她老公完全束手无策。

罗丝的生命历程显示，她和碧一样有过度依赖的问题，因此给阿尔夫妻的建议也同样适用于此。

为自己争取喘息的空间

罗丝的状况和碧显然大同小异。你的父母或许也有雷同之处，让你和她们的孩子一样有类似反应。且来看看如果借用我们给碧这个案例的要诀，此例会如何演变，或许对你所面临的情况会有所帮助。

◎ **谴责无益。** 规划好的假期被破坏，莫顿不免对母亲心生怨怼，或是骂自己老是上当。如前所述，千万别让自己掉进指责的旋涡，那于事无补。

◎ **照顾好自己的需求。** 莫顿当然晓得自己需要适时休假，问题在于如何办到，而又不伤害自己与母亲的感情。

◎ **理解胜过一切。** 我们说过，包容父母的行为，进而调整自己应对的方式，乃是改善这种状况的上策，而首要之事是了解造成父母行为的根源。这点太重要了，所以我们会在整本书中不断强调。那把解决莫顿休假问题之钥，对你亦然。这一点也是咨询师帮助到莫顿夫妻的关键。我们让他们认识到母亲的内在状况——她一直处在何种恐惧之中，以致得不断确定儿子随时会救她。

一旦了解母亲的问题出在依附性人格，莫顿恍然大悟：劝她多走入人群参加活动或与人为善是没用的，因为她已经认定唯有儿子能抚平她的焦虑。所以，莫顿要做的是鼓励和支持，让母亲知道儿子理解她的寂寞，并且对她得同时适应大环境与新家的艰难表示同情，诚恳地希望她能慢慢调整，渐渐融入新的社交圈。当然，莫顿所处困境的根源，出自他对母亲身体不适的态度，那让他感觉窒息，影响了日常生活，连休假时都要提心吊胆。我们让他意识到，母亲并不是装病，她是真的觉得不舒服。不能因为夹杂着情绪因素，就认定母亲身体不适是伪装的。当你告诉妈妈你要出门一周，即便她理智上明知过几天就会见到你，内心深处却不免响起警钟，认定你不回来了，因而陷入恐慌，出现不适的症状。而情绪性的胃痛的痛苦程度，可能不下于生理性胃痛。

◇请正视：当父母表现出不适而唤你到他们身边时，那并非伪装，而是他们真的难受。

一旦了解这点，当你下次规划假期时，即可采取某些措施。如果时间很短，比如一个长周末，你不妨什么都别说，就在度假时打通电话说你生病或太累在家休息。没人想要撒谎，尤其更不想对父母撒谎，但这么做能保护父母不受自己情绪的伤害，也能让你适当获得喘息。当然，如果你要远行一阵子，这个方法便不管用，你得和盘托出。以下是莫顿在咨询后与母亲的沟通内容：

莫顿：妈，明天早上我和葛莉塔要去费城两个星期，我们……

罗丝：（打断儿子，低头长叹）我能讲什么呢……

莫顿：我知道你不好受。你每周都盼着我来，这下子却有两星期看不到我。我都想好了，我们会从费城打电话给你，还会寄明信片。

罗丝：（抚着心口，再叹一口气）莫顿，宝贝儿子啊，我觉得身体很不舒服。

莫顿：那真令人难过。（他暂时沉默，试着传递关怀，多余的言辞只会让她觉得受到忽视）

罗丝：（仍不言语，垂头不看儿子）

此时，莫顿起身走到厨房，花几分钟调整一下自己的情绪，煮好咖啡，端一杯放在母亲前面。

> 莫顿：妈，喝点咖啡。（罗丝抬起头）沙伦明天会带她的宝宝来看你，还有我朋友桑德拉的妈妈贝蒂，也会找一天来和你吃午餐。实际上她也在考虑搬进这家养老院。
>
> 罗丝：她不会喜欢这里的。这里的人都好冷漠。
>
> 莫顿：你可以慢慢告诉她有关这里的一切。
>
> 罗丝：我很不舒服。
>
> 莫顿：我真替你难受。（他取下日历，在上面注明哪天他会在哪里，哪几天会有访客，然后拿给母亲看）
>
> 罗丝：（把日历放在膝上，忧伤地望着儿子）
>
> 莫顿：（握住母亲的手）妈，你放心，我一到费城就马上打给你。

这段对话第一个值得留意之处在于时机，它发生在莫顿离开之前，这让罗丝几乎没时间发作。然后他清楚交代自己的行程，保证会密切联系，还在这段时间帮母亲安排了一些访客。还有一点他没说：他也请养老院多费心。

注意：有时少说为妙。过去母亲一讲她不舒服，莫顿便加以指责。这次，他保持冷静，以宽容和同情的态度安静聆听。他知道母亲不会因此停止抱怨，但他可以给予安慰。

当然，罗丝母子之间的问题不仅是休假，罗丝似乎很难适应新居，这无疑给她和儿子、媳妇造成极大的压力。失去旧家，远离习惯的城市，也让她深感悲伤。这样的改变对任何人都不容易，更别像罗丝这种个性，于是她不免悔恨交加，不时痛责儿子和媳妇。稍后我们将看到，这类性格的人总是会把生活中一切不顺心的源头指向别人。

惯性依赖与父母早年的经历有关

碧与罗丝的依赖性都很强，且一辈子如此。她们的许多行事作风固然符合本书开头调查问卷中的难缠行为，但"终生依赖"这一点却最为明显。

什么叫"过度依赖"？这个问题当然没有标准答案。每个人多少都需要依赖他人。在一个家庭里，某人负责扛起生活的某个责任，其他需求则依赖其他成员来填补。旧时代的妇女对丈夫的依赖程度，会让现代女性瞠目结舌；同样地，男性——尤其是年长者——在打理家务方面也非常依赖太太。

然而，碧的依赖性却非比寻常。她把儿子拉得很紧，只要那条线稍微松一点，她就紧张不已，于是苦等阿尔电话所引发的恐惧便展现为敌意。罗丝的依赖性更加明显，连莫顿去度几天假都无法忍受。

◇缓解父母的焦虑，让自己能安心度个假，这是办得到的。

面对这类型的父母，成年子女务必了解一点：父母的依附行为并非现在才有。没错，年纪增加会加剧他们的依赖性，但若客观地了解过去，便可知这是他们自幼即有的习性。仅仅有此理解，你便可以明白：父母难缠的行为乃是性格造成的，他们自己也无法控制。

一旦有此认知，阿尔、莫顿——或你，如果你也身处类似情境——就能停止与母亲无益的争论或讲道理，并可同情她所承受的痛苦。我们有位客户在有此领悟后说道："知道我妈这么难相处是因为她的性格而不是因为我的缘故，我真是松了好大一口气。"带着这崭新的视野，她变得更包容母亲。

是什么原因造成她们如此依赖？常有的一个解释是：她们可能在人生初期有过被抛弃感，而引发此感受的事件或许为真，又或许只是她们认为是真。例如一位母亲因久病住院或抑郁而疏于照顾宝宝，就可能造成这种感受。不难理解，当某人心中潜藏着这种无法抑制的恐惧时，他便很容易不顾一切地抓紧身旁的人，以确保自己不会再度被抛下。

莫顿不清楚母亲年轻时曾有过什么样的遭遇，尽管这种理论颇为可信，他仍很难接受母亲竟认为他会抛下她不管。他相信母亲心知肚明，身为儿子的他孝顺忠诚，会永远照顾她。但那是一种理性思维，我们告诉他，当你跟她说你一周就回来，她的脑袋虽然相信，然而情感上却认定你将一去不回。

阿尔母亲的情况则不同。阿尔忆起有个舅舅在母亲3岁时过世，他记得亲戚曾谈起那个舅舅卧病很久，外婆全心照料，几乎无暇旁顾；舅舅离世后，外婆长期陷入忧郁。碧自己并不太记得这些，但情感上的确可能有一种被妈妈抛弃的记忆。儿子没能准时来电使她感到愤怒，其实那是她逃避儿时痛苦回忆的自我防卫机制。明白了碧曾吃过的苦以及那段过往对她的影响后，阿尔夫妻便不再觉得她蛮横；知道哪些状况会引发碧的深层恐惧后，两人怒气全消，并能以更多的同理心来回应。

跟莫顿一样，阿尔也无法相信母亲真会觉得被抛弃。自己明明那么孝顺，怎么看都是难得的好儿子，时时嘘寒问暖、勤加探视，经常带她下馆子，打理财务让她高枕无忧，都做到这样了，她还怕被抛弃？最后他终于理解，母亲的反应并非出于理智，而是那种态度已经跟了她一辈子，完全不是因为他的缘故。一旦搞清楚，阿尔不仅觉得豁然开朗，而且也能正面回应，并与母亲展开良性互动。

阿尔与莫顿领悟到母亲并非故意折腾他们，其实妈妈自己更不好受。碧也好，罗丝也好，都是典型的依赖型人格，靠着一些机制还算顺利地步入中年。两人都有婚姻和家庭，也许不免惹恼过人，但都有好老公罩住一切。现在她们晚年寡居，一般人面对这种景况都不免得承受种种身心困顿，对她们来说无疑更为困难。毫不讳言地说，她们是自己最大的敌人。

应付依赖型性格，绝无固定招式，而过度依赖的表现也绝不仅限于敌意或病痛，有人争取关爱的手段是不断指使旁人帮他做这做那。每个案例都不一样，应对方式也要因人而异。无论如何请牢记，这种性格的人在面临跟自己依赖的人分离时，即便时间再短，都会产生极端反应，而他们完全身不由己。

依赖也可能晚年才出现

类似碧和罗丝那样的依赖型举止，某些人也许到晚年才首度出现。

◇接受吧，一辈子依赖他人的父母，是很难接受分离的。

晚年时面临的某种打击，加上身体机能老化带来的折腾，很可能引发父母产生依赖型举止。尽管外显模式类似，但这两种情况却大不相同。认知到这点很重要，因为晚年依赖可能只是暂时的，因此需要完全不同的对策。父母年老时忽然依赖性大增，常让成年子女喘不过气，因为这完全不是他们以往所熟悉的父母。然而，就像面对一辈子有依赖习性的父母一样，子女若能了解其根源，就会知道该怎么应对，而这无疑有助于改善亲子关系。

这种新近出现的晚年依赖会不会好转，甚至消失，要如何判别？如果起因是渐进式慢性病，如阿尔茨海默病、帕金森氏症或严重的糖尿病，那么有关的人格变化应会持续，子女最好参照前文所述处理终生依赖成性父母的建议。另一方面，若原因是某种医疗状况，像是中度以下中风、心脏手术后遗症，或遭逢老伴、近亲好友离世的打击，又或是面临另一种伤痛，比如迁离故居等，父母依赖程度降低的机会就颇大。

下面介绍3个有机会逆转的晚年依赖案例。

[案例 3]

气女儿要她搬家的埃丝特

45年前老伴撒手人寰后，住在波士顿的埃丝特成立了一家小公司。如今她79岁了，生意大不如前，膝盖的毛病也让她寸步难行。终于，她接受家人建议，搬去弗吉尼亚州大女儿家附近的养老院。她极其怀念自己的公司。害羞内向的她很难交到新朋友，以往在波士顿虽也没什么密友可言，但与客户间的往来却是她津津乐道、始终难忘的一块。如今埃丝特不断抱怨自己无聊又寂寞，整天来电打断女儿开会，更不断占用女儿私人时间。她对养老院的其他住户都有意见，责怪女儿让她迁移到此。女儿深感歉疚，不知究竟该拿母亲怎么办才好。

[案例 4]

因动手术而变得依赖的西尔维娅

动了心脏绕道手术的西尔维娅，恢复情况良好。医生告诉她和孩子们，她完全可以回到原来的生活方式，问题是她不肯了。以往她一手打理自己的吃穿梳洗，现在却样样都要女儿照顾。女儿开始受不了，不明白妈妈怎么忽然变了个人，自己更因为要兼顾自己家和妈妈而蜡烛两头烧。她开始失去耐性，意识到情况必须改变。以下是她的应对之道。

> 女儿：妈，我要工作又要照顾你，实在撑不住了。我们请一位管家来帮忙，直到你完全恢复为止，好不好？
>
> 西尔维娅：亲爱的，我不知道你这么累。一定是我太依赖你。我从不依赖人的，但这个手术真让我觉得天翻地覆。
>
> 女儿：妈，我懂。医生也说这几个星期你需要人帮忙。我在想，你朋友苏珊之前不是动了胆囊手术吗？她术后请来照顾她的那位女士很棒，不知道她会不会有空？

> 那位"很棒的女士"是受过训练的助理护士，她果真有空前来帮助西尔维娅回到日常轨道，重拾自理能力。

西尔维娅的依赖是到晚年才有，所以逆转机会很高，跟碧与罗丝的情形不同。她衷心理解女儿的疲累，懂得自己的需求已远超手术以前，而这对女儿忙碌的生活造成了一定负担。晓之以理这招，奏效。

请来护理人员确实让西尔维娅的女儿松了一口气，此外还有一个好处。心脏手术让西尔维娅相当恐惧，变得极度依赖女儿。她的体力没有问题，只是不敢去做。经过女儿的鼓励，加上一位可靠的护理人员陪伴在侧，她得以顺利恢复独立自主。

丧妻后变得封闭的弗兰克

弗兰克近来被癌症夺去了老伴。一直以来，两人婚姻幸福美满，携手走过活跃丰富的 48 载，一直是对方最好的朋友。3 个子女都说，父母向来非常独立。如今弗兰克顿失依靠，踽踽独行。丧妻至今 7 个月，弗兰克仍郁郁寡欢不愿出门。除了子女探视，他婉拒所有邀请。让子女更伤脑筋的是，他连普通小事都无法决定，哪天该请人来家里打扫、该捐钱给哪个慈善机构，凡事都要问孩子；而当他们帮忙决定后，他又百般挑剔。子女又气又难过，想撒手不管却又不舍，毕竟老爸比任何时候都需要他们。

引发晚年依赖的原因

上述 3 个案例，最重要的共通点是，埃丝特、西尔维娅和弗兰克都经历了一场颠覆生命的重大打击，正走在调适期的开始，而那多半也会结束。面对搬迁、疾病、配偶死亡，情感调适往往至少需要一年；即便时间比你预期的要长，也别放弃，这种晚年才出现的依赖，通常是会淡去的。

让这 3 个人变得依赖的事件，称重大应不为过。有时，造成父母黏人的起因似乎没那么严重，像是跌倒、感冒、小孩死去，但这类状况却可能是压垮骆驼的最后一根稻草，引发后续更严重的依赖。

人一旦碰到这类事故，通常要走过一段悲伤和哀悼的历程，不仅丧妻的弗兰克如此，埃丝特与西尔维娅也都必须处理重要的失落感：埃丝特失去了家、老友和身为老板的角色；西尔维娅失去了她曾有的那个健康、活力充沛的自己。

老人家又往往同时面临多重失去。以埃丝特来说，她失去的不仅是公司，还有关节炎夺走的行动便利，而搬去女儿家附近则象征着放弃和失去过去那种独立的生活方式。

不难想象，这3位长者正处于惊慌失措的境况中，都情不自禁地仰赖孩子提供保护与慰藉。一般来说，他们会渐渐平复，时间是最佳解药。这是跟碧和罗丝那种依赖成性者大相径庭之处，她们无法哀悼过去，那会带来早年被抛弃的回忆（更多有关伤逝与哀悼的讨论，请见第8章）。因此，面对父母晚年依赖性格的对策，就在于理解这个事实：父母正经历一段暂时性的冲击，而在重新站稳前，他们和家人都要适应这个不曾出现过的依赖行为。

创造你和父母的双赢

现在，你已了解父母在面临搬家或失去什么之后，需要为期一年以上的哀悼期，你不再感到紧张或愤怒，反而可以耐心地给予父母支持。这里再提供一些方法：不像面对终生依赖成性的父母，此时你是可以跟父母理智对话的，就像西尔维娅女儿的肺腑之言："妈，我要工作又要照顾你，实在撑不住了。我们请一位管家来帮忙，直到你完全恢复为止，好不好？"

埃丝特的女儿可以跟妈妈头脑风暴，看看院内有没有埃丝特能替补的位置，像是柜台人员或招待员、打电话问候居家老人的义工等。这些角色或能唤起她当年为客户服务的感觉。如果她愿意尝试，对降低依赖应该颇有帮助。

弗兰克的女儿们若硬逼他出去见老朋友，恐怕会适得其反，让他更气她们的缺乏同理心。在他度过伤痛的这段时间，最动听的言语应该是："爸，我们知道你多想念妈。"再加上一个拥抱，就更好了。

还记得自己有多讨厌父母告诉你该怎么过日子吗？其实，父母也不喜欢听到你太直率的建议。西尔维娅的女儿若催她自己洗澡，西尔维娅的脸色恐怕不会太好看；但若说服她接受护理人员，则能有效引进立场中立的第三方。最后，回到你身上，亦即身为成年子女的你。从小到大，你认识的妈妈总是活力四射、独立自主，现在则完全相反。你不想看到她这么依赖、这么黏人，你既为她身心所承受的痛苦感到难受，也因为照顾她而心力交瘁，程度不亚于父母一辈子依赖成性的那些子女。因此，本章前面提供给那些子女的建议，也同样适用于你：爱护自己，设定合理的底线，不要挑战自己。重点虽一样，做法却大不相同：面对晚年才开始依赖你的父母，你大可跟他们说明你的决定，并理性地讨论。这是另一类子女不容易拥有的奢求。

◇ 寻找能为父母带来成就感的角色。

◇ 不妨多给予父母同情和拥抱。

◇ 别教父母该怎么做。

泼冷水型父母（上）

昨天我还是全世界最棒的儿子，
今天却变成没心肝的东西。

泼冷水型父母的行为特征

当你的父母：

- 看人不是极好，便是极坏。同一个人可以今天什么都好，明天却什么都不对
- 极端负面，满腔怨言
- 对别人极度挑剔，自己却无法承受别人的责难
- 不讲理
- 总要别人让步
- 自己老是爱发脾气，看什么事都不顺眼，却对与自己同样性格的人毫不留情地批评
- 容易暴怒，像是乱摔东西、辱骂别人
- 疑神疑鬼，充满戒心，有时简直到了偏执的地步
- 不让人接近，甚至切断往来

上一章的成年子女前来咨询，是因为父母极度依赖的表现——案例1的碧显示出敌意，案例2的罗丝则是以病痛展现。所有家人备感挫折，完全搞不懂母亲在想什么，也不知该拿自己的愤怒怎么办，直到从咨询中看见曙光。透过我们的指引，他们认识到母亲为何会如此，终于能以积极且具建设性的方式，维系亲子关系。

当然，这些依赖的例子，不过是让家人寻求咨询的小部分原因。本书开头调查问卷第二大类所揭示的行为，恐怕更让子女们头痛。等你仔细读完这一章和下一章，你就会明白为何我们用"泼冷水"来形容这类行为的效应——把周遭人归类为黑或白（不是极好，便是极坏），因此我们准备专章讨论这个常见的课题。

[案例6]

让孩子很难去爱她的玛丽

帕蒂终于鼓足勇气打电话给母亲玛丽。这一直是令人痛苦的经历。

"妈，你好吗？"她得到的是冷淡不耐烦的答复，但仍强作兴奋："我昨天有跟史蒂夫和霍普碰面。史蒂夫最近升迁了，收入更高，也更有地位。这个小弟，总是志在必得。"

"很好，他是很懂得怎样为自己好。"听筒传来了答复："我为他付出一切，最后换得了什么？"玛丽又说："你总是站在他那边。我看你一定觉得他搬出去是我活该，都是我的错。"

帕蒂冲口而出："妈，你为什么这么生气？"其实她早该习以为常，却还是对母亲激烈的反应惊讶不已。"生气的是你，不是我。"玛丽这么说。

不管帕蒂怎么努力想炒热气氛都没用，只好作罢。结束时她说："妈，我爱你。"电话那头没有回应。

这句结语来之不易，因为帕蒂的母亲是个非常难让人去爱的人。独居的玛丽60多岁，健康状况良好，4个孩子都住在几公里范围内，但只有帕蒂不时来电或上门探望，其他人都对母亲敬而远之。

史蒂夫是最后一个与母亲决裂的孩子。他和霍普结婚几年，企业管理学位并没让他顺利找到工作，赋闲好久才终于进入一家大公司，起薪极低。这时母亲提议他俩跟她同住，史蒂夫举棋不定。没错，免付租金是很好，但万一付出太大的情感代价怎么办？事实证明他的疑虑不无道理。

离家念大学那几年是史蒂夫的快乐岁月。住在家里时，母亲简直把他当作雇来的用人，总是不断地提要求，却连一句感谢也没有。她认为这是理所当然，毕竟她为儿子付出过那么多。但她对外却大力赞扬史蒂夫："我的那些女儿只顾自己，这个儿子就完全不同了。"

所以，一想到要回去与母亲同住，实在令史蒂夫担心，但他终究还是同意了，并且希望母亲对已成家的自己会有所改变。

结果完全没变！一回去，母亲立即恢复以往的态度，而且很嫉妒他和妻子的相处时间，不断念叨"那个自私的女人"。最后，史蒂夫受够了，不用付租金又怎样，他俩决定搬走。他告诉母亲时，只得到一句："你们怎能这样对我？"之后几周玛丽和他们夫妻冷战，完全不理不睬。他们要搬家那天，玛丽却声称自己完全没有被告知此事，对两人怒吼："等着瞧！没有我，你们活不下去的。"

　　3年过去了，玛丽怒气未消。在她看来，自己寄予厚望的儿子并没有比其他子女对她更好，最终，4个儿女在她晚年时都抛弃了她。

接着是另一个类似例子。

[案例7]

与爱孙反目的贝蒂

　　贝蒂总是满腹怨恨，对儿子和两个女儿处处不满，直到宝贝外孙出世。

　　她逢人便说，杰夫真是"与众不同"，杰夫的妈不懂感恩，对她不闻不问，但杰夫可贴心了，还喜欢黏着她呢。

　　杰夫一家的住所跟贝蒂只隔几条马路，他几乎每天过来。上高中后，他会帮外婆跑腿，跟她聊学校生活，倾听她的怨言。

　　快毕业时，杰夫获得一所大学的全额奖学金，学校远在320公里外。那一年春天，他一直耐心等待几所学校的回应。每次到外婆家，他总是滔滔不绝地述说自己对未来的梦想。当这个好消息一来，他赶紧跑去跟外婆分享，但外婆的反应却让他愕然。"你怎么不申请一所近一点的学校？"贝蒂语气不善。"你知道我有啊！"杰夫说，"但他们都没有给我奖学金，而且这所商学院是其中最好的。"

贝蒂浑身敌意："你做这决定时，根本没想到你外婆，是不是？"杰夫愣在那里。外婆从来没有以这种语气对他说过话，那是用来念叨他母亲的。他不知如何是好地离开，第二天再去时已被外婆拒之门外。

杰夫去外州就读大学，一到学校马上打电话给外婆，却被她挂电话；等放假回家跑去按铃，依旧吃了闭门羹。整个大学期间都是如此。宝贝外孙被打入反派。杰夫完全不明白自己究竟做错了什么，让外婆这样彻底反目。

当父母只愿意爱自己理想中的子女时

玛丽和贝蒂这种类型，是许多客户前来找我们的原因。"我该拿我妈怎么办？无论我怎么讲、怎么做都没用。"这种无奈很典型。

是人都有优缺点，只不过玛丽和贝蒂没有这种认知。当我们的父母、子女，尤其是孙辈，做事不合我们意时，我们仍会接纳和包容。但有些人的眼中却是非黑即白，没有灰色地带，人不是好就是坏。所以在玛丽眼中，女儿们都很差劲，儿子则很好，直到他做了让他变成反派的事。杰夫则碰到更极端的反应，妈妈虽被归为坏人，但他仍是"好"外孙。宝贝外孙离乡读书让外婆感到多么失望和不舍，这种心情我们都能理解，却也为他的成就感到骄傲。但贝蒂没办法这么想，这枚铜板就是反了，杰夫也跟其他人同流合污了。

这种"非黑即白"的行为，心理学上称之为"分裂"（splitting），往往伴随调查问卷中的其他行为出现。

第1章谈到，终生依赖往往来自早年被抛弃的感觉，有时是隐藏在与妈妈分离的正常成长过程中，而究竟为何有人会如此，则无人能解释清楚。

> ◇ 把世界看作非黑即白，心理学上称之为"分裂"。它与过度依赖一样，其根源是一种被抛弃感。

每个孩子在脱离母亲的成长阶段，对母亲都有矛盾情结，一方面渴望独立——一个蹒跚迈步展开自己的世界、又不断回到母亲身边的1岁小孩，眼中便会流露出这样的渴望；一个处于"恐怖2岁"时期，不断尝试打破束缚的小孩，也是如此。大多数父母都有过这样的经验，像是一位妈妈教她2岁大的宝贝，过马路一定要拉着大人的手，这小孩偏偏想挣脱妈妈自己走。与此同时，这个学步又不敢走太远的小孩，总是时时察看妈妈是否还在旁边。在婴儿的初始观念中，妈妈分裂为两个人：一个是限制他的"坏"妈妈，让他拼命想争取自由；一个是关爱他的"好"妈妈，在他开疆辟土的过程中，随时给予支持与温暖。

孩子持续这个脱离过程直到青春期，母亲的好坏形象渐渐融合，孩子终于接受妈妈是优缺点兼备的完整个体。而如果在孩子的最初3年发生了什么事，以致干扰到正常的脱离，就可能影响孩子的情绪发展。

当别的孩子渐渐独立时，这小孩的情绪却陷入学步时期，不断向"好"妈妈索取安慰，以弥补被"坏"妈妈抛弃的沮丧。成长过程中，他也未能成熟地接受妈妈的多种面向，而仍如婴儿般地把她分裂成"好""坏"两个妈妈。

当进入其他阶段时，他可能会把对妈妈的这种爱恨情结转移到配偶和孩子身上，也往往抱着分裂观点看待一切人际关系。从玛丽与贝蒂的行为来看，两人都曾有遭到遗弃的感受，玛丽因此无法像其他母亲那样看待自己的孩子，史蒂夫的"出走"于是唤起她对"坏"妈妈的情绪反应。贝蒂在外孙远走念书时，也重新经历了那种被抛弃感。

这种人在遭受遗弃的痛苦被唤起时，就会出现同样的反应。导火线通常是分离的，例如阻隔了她和她依赖甚深者的离别。下面是几个常见状况：

- 儿子来电取消晚餐之约，因为公司要开会。
- 母亲节时，孙子忘了寄卡片或打个电话。
- 女儿背部拉伤，必须延后一天来访。
- 家庭护理员周末休假，中介送来一位代理人员。
- 儿子因公出差一周。

不管哪种导火线，这类母亲本能的思绪大致如下：

- 儿子是我唯一能倚赖的好人。
- 他要离开一个星期。
- 他要丢下我了。
- 一定是我做了什么坏事。
- 我好难过，我无法承受这种感觉。
- 坏人不是我，是他。
- 我要让他尝尝这种感觉是什么滋味。

如果父母有此反应，你要知道他们并非故意如此，而是一种防卫机制，他们自觉情感受到打击，必须保护自己。

请牢记，即使你再怎么对父母采取分裂的行为感到难过和无助，也不会比他们的感受更糟。就像上面思绪流程所显示的，玛丽与贝蒂把"好人"变成"坏人"，借以克服自己的痛苦，这样的反应被称为"投射"（projection），我们稍后会再略加陈述。

"我真不知道我妈下一秒会怎样。"前来寻求咨询的子女们经常这么说。"昨天我还是全世界最棒的儿子，完美无缺，今天却变成'没心肝的东西'。"他悲叹道，"而我根本不知道自己到底做错了什么。"另一位女士某次到养老院探望婆婆，婆婆一见她便冷眼相对，给她来个措手不及（虽然这并非第一次），因为刚刚院长告诉她，昨天她婆婆才跟另一名住户相互吹嘘自己的媳妇有多棒呢。

从这些例子可以看出，有分裂倾向者是多么反复无常，说翻脸就翻脸，下一秒却又热情以对。这正反映了他们不稳定的情绪，而家人首当其冲，最难自处。如果你有为人父母的经验就会知道，这种冷热不定的举止有多像2岁小孩，前一秒好爱妈妈，下一秒又说妈妈最讨厌，根本把她看作两个人。

◇ 分裂是一种自我防卫，主动者的感受比你更糟。

同理父母的处境

想跟这种看似无理的父母维持良好关系，关键在于理解他们也是身不由己。玛丽和贝蒂之所以采取分裂态度，是因为她们不知道除了黑和白两种极端外，自己还能怎么办。如果你的父母也会做出这样的行为，那么下次当他们面临分离的恐惧而自动进入分裂模式时，你就不用太意外，也可以明白不管你怎么做，都已经被他们列入"坏人"名单。

贝蒂就是个明显例子。当她听到外孙获得一所好大学的全额奖学金时，不仅没有替他高兴，反而突然变脸，简直把杰夫惊呆了。换作另一个外婆，大概会这样跟外孙分享她的复杂感受："杰夫，宝贝外孙啊，以后没有你在身边，我会非常寂寞。但我也非常以你为傲，我就知道你很棒。"而贝蒂的"全有"或"全无"人格特质，根本不可能有此反应。

要知道，有此"全有"或"全无"人格者，很难同时与超过一个人相处。一对一的关系会让他们比较自在。若同时面对两个人，他们就不免会在其中分出好坏。所以，尽量保持一对一，避免3人同处。史蒂夫带妻子回家住，无异于挖坑给自己跳。还记得杰夫不断尝试对外婆解释自己为何选那所大学吗？没用的。对贝蒂这样看事情的人而言，晓之以理是不可能的，因为他们通常以下列方式自我防御：

◎ **否认。**"我根本没说过这种话。"或是怒不可遏地说："我没发火！"就像玛丽否认自己知道史蒂夫要搬走，反而责怪儿子没先告知一样。

◎ **投射。**把自己的感受放在他人身上。"生气的是你，不是我！"帕蒂跟妈妈讲电话时，就碰到这种情形。

◎ **选择性聆听。**只听自己想听的，不愿意听的自动排除。例如杰夫曾跟贝蒂讨论他申请的每所学校，但她充耳不闻。

◇ 跟分裂者就事论事是痴人说梦。

分裂行为确实很难应付，也难怪有些子女会受不了。面对这样的父母，有的成年子女选择抽离，有的则是百依百顺。如果你也属于其一，你就是在效仿父母；换言之，你也在分裂。这不怪你，毕竟榜样就在眼前！

但你可以避免落入这个陷阱。有个方法对你和父母都好，但不容易做到。我们用帕蒂跟妈妈通电话来描绘这方法的要诀。我们让帕蒂练习两种对话版本，由她扮演自己的母亲，我们扮演她。

我们先重播一下真实对话。记得她们开始讲电话时，帕蒂的妈妈把儿子史蒂夫视为"坏人"，帕蒂则是"好人"。

原始对话：

帕蒂：我昨天有跟史蒂夫和霍普碰面。史蒂夫最近升迁了，收入更高，也更有地位了。这个小弟，总是志在必得。

母亲：我为他付出一切，最后换得了什么？你总是站在他那边。我看你一定觉得他搬出去是我活该，都是我的错。

帕蒂：妈，你为什么这么生气？

母亲：生气的是你，不是我。

帕蒂早知道不该点出妈妈在生气，因为妈妈一定会觉得受到批判。但帕蒂还可能犯下更严重的失误。且看看下面这段练习，帕蒂试着跟母亲讲理，不用说，结果一败涂地。

失败的治疗演练——讲道理（咨询师充当帕蒂，帕蒂扮演妈妈）：

帕蒂：我昨天有跟史蒂夫和霍普碰面。史蒂夫最近升迁了，收入更高，也更有地位了。这个小弟，总是志在必得。

母亲：我为他付出一切，最后换得了什么？你总是站在他那边。我看你一定觉得他搬出去是我活该，都是我的错。

帕蒂：（试着说理）史蒂夫和霍普也需要独立啊！

母亲：（认为女儿跟着儿子与她作对）他根本不懂感激。我为他做牛做马却落得这般下场。你干吗老是帮他说话？

帕蒂：（继续试着讲理，妈妈越听越火大）我不懂你为什么这么生史蒂夫的气？也许你还在气舅舅，却把怒火发泄在史蒂夫身上。

母亲：（变得暴怒）帕蒂，你弟弟很差劲，跟其他人没两样。现在我看你也没好到哪里去。

帕蒂：（还是不放弃讲理）妈，别激动。我相信你今晚想过以后，就不会那么气史蒂夫了。

在这个最坏的情境中，尽管帕蒂一片好意，却步步皆错。她的尝试讲理不仅让妈妈更火大，还因为帮弟弟讲话而惹毛母亲。帕蒂母亲这类的人听不进道理，尤其当他们生气时。帕蒂所犯的更大错误是告诉妈妈，她认为造成妈妈如此的缘由何在，以致妈妈觉得这是人身攻击。较好的对策不是说服，而是让她知道你在她身边；换言之，认可她的感受。这就是帕蒂与咨询师进行的第二场演练。

成功的治疗演练——予以认可（咨询师充当帕蒂，帕蒂扮演妈妈）：

帕蒂：我昨天有跟史蒂夫和霍普碰面。史蒂夫最近升迁了，收入更高，也更有地位了。这个小弟，总是志在必得。

母亲：我为他付出一切，最后换得了什么？你总是站在他那边。我看你一定觉得他搬出去是我活该，都是我的错。

帕蒂：（认可母亲的感受）我没有，我只是很了解那让你有多难过。

母亲：你根本不了解史蒂夫对我有多糟。

帕蒂：（没有选边站）这真是让你不好过，妈。

母亲：我做了什么要得到这种报应？

帕蒂：（付出同情）真遗憾。你别难过了。

◇别跟泼冷水型父母讲理，那等于火上浇油。别帮"坏人"说话，否则你也会被列入黑名单。别试着当心理医生。

这会儿的帕蒂，什么都做对了。她知道批评母亲的做法只会坏事，所以她以同情的回应来认同母亲的感受，但对于母亲言谈的内容不表明立场。她小心避免踏入母亲与弟弟之间的雷区。更重要的是，她让母亲知道，无论如何，母亲还有她。

后面这个演练的成功之处在于，帕蒂对母亲一辈子无法面对分离有了理解。几天后帕蒂打电话给妈妈，果然将此方法派上用场，成果令她感到振奋。她告诉我们："这次没像以往那样以不愉快收场。事实上，当天我们还一起去吃午餐，而且完全没再提这件事。我也不再那么自责了。以往我常因为对妈妈大喊大叫而愧疚，现在我比较能包容她，她其实一点也不好受。"

经过咨询，帕蒂好多了。假如你也有类似的父母，你同样需要各种支援与洞察力，同样也能透过咨询或互助团体获得力量。但请记住，有时不管做什么都没用，别责怪任何人。

父母会如此，是因为内心某种不可解的东西在扰乱，而那不是你的错，也不是他们的错。咨询师能帮助你与这个事实和平共处。

◇别试着与父母争论。表达认可即可，让父母知道你的关心和支持。
◇避免危机发生。寻求咨询或加入互助团体。

许多像帕蒂这种处境的子女会前来向我们求助，但也有不少人没这打算，直到有天照顾父母时发生了状况，才不得不寻求专业人士，以协助他们应付父母的行为与看护问题。比方说，也许你的处境与帕蒂类似，只不过因为母亲还年轻健康，所以你可能老早就躲得远远的，而随着物换星移，她的健康不再，独居也逐渐出现状况，需要子女帮忙，你或许会义不容辞地出面，却并非出于爱。你可能希望母亲搬到你附近，也许住进养老院。跟多数人一样，你对老人住所的选择并不清楚，可能需要老人看护专家指引。而不论什么情况，迁居对老人家都会形成巨大的压力，不管是搬到别州，还是仅搬到附近。假如你的母亲一向都很难相处，你始终和她保持距离，此时这种挑战便很容易演变成危机。所以，务必及早应对，实时求助。

如何替难缠的父母找到合适的看护

有分裂倾向的人，其极端行为的对象并不局限于亲友和家人，最大的受害者往往是前来帮忙的看护，也因此造成子女极大的压力。下面即为一个典型例子。

[案例 8]

不断逼走看护的伊丽莎白

南希走投无路，前来求援。她独居的母亲必须靠人打理起居，专业又体恤老人家的看护很难寻觅，南希花了好长时间，面谈了许多人才终于找到。这位看护果然不负期待。南希的母亲极其依赖她，每天一早便焦急地期盼着。

一日，看护因塞车迟到，一进门立刻被气急败坏又惊慌失措的母亲数落了一顿，说她既然无法准时就根本不胜任工作，当下即将她解雇。

南希只好从头来过，再度费尽心思，寻觅理想的帮手。不出意外，旧戏随即重演。来到我们这儿时，她几乎再也找不到人，情况较以往更加恶劣。

"我妈要我每天过去，"她悲叹道，"她身边不能没人。我实在不想担任这个角色，但又没办法放她一个人在家。我该怎么办？"

以下是我们给南希的部分建议。如果你也有类似的问题，那么这些建议同样适用于你。

不要自己一肩挑起找看护的重担，让父母一起面谈。这会提醒他/她：看护是为他/她找的，而不是为你。我们有一位客户知道她轻微失智的母亲无法胜任整个面谈过程，就采取这个做法：自己先负责前面找人的阶段，挑出两位之后，再让母亲面谈并作决定。

找看护时，务必解释清楚你母亲的行为模式，包括她对人会莫名其妙地忽冷忽热，这一秒把你捧上天，下一秒却又指着鼻子骂你。最重要的是，让对方明白你母亲完全身不由己，绝非针对她或任何人。你要指出，母亲有可能会气到把她扫地出门，第二天却又很想请她回来，所以请她万一碰到这种状况，翌日务必来电看看母亲是否回心转意。与对方保持密切联系，必要时拉她一把，给予支持，请她在需要鼓励时尽管来电。

但这一切都必须保密，否则你母亲会认定你们联起手来对付她，那时你们都会被她列入黑名单。

◇让父母参与寻找看护的过程，并如实向看护说明父母的状况。

如果医生愿意，请他明确要求母亲不能单独在家。母亲或许不听子女的话，但可能会遵从医生这类权威人士的嘱咐。南希说服母亲去看她的医生，医生告知她：以她的健康情况，必须请个看护，接着便在处方笺上把这则嘱咐正式化。

南希将这则言简意赅的指示贴在母亲最爱的座椅旁边，每当母亲嚷着要换人时，她就把字条拿到母亲眼前。医生还交代南希，万一此招失灵，他愿意出诊来访，并祭出撒手锏告诉他的病人，如果她留不住看护，他就要开单安排她住进看护中心。请记住，想顺利运作，你

乔治·史密斯，医学博士

缅因街1400号

新泽西州格林威尔市

电话：(609) 555-4567

1998年10月10日

基于健康问题，伊丽莎白·普赖斯太太

需要看护全天候的陪伴。

乔治·史密斯，医学博士

必须坚决地告诉母亲，你不可能担任她的看护。万一她把人赶走，先别急着跑去临时替代，也别太快找人。让你母亲有机会体认到自己多么需要一名看护。

◇别让自己成为看护的角色。

3

泼冷水型父母（下）

我不需要你们教我怎么做。

如果你认识的某人，其行为如前一章所述，你八成会敬而远之——除非那人是你的父母，且年事已高，对你特别依赖。

把人放在好或坏的天平两端，这种令人感到沮丧和挫败的分裂行为（亦即前一章所谈的），只不过是诸多泼人冷水的模式之一。只要看看前一章所列出现于调查问卷中的几个项目，即可明白为何我们称之为"泼冷水"。那些行为总令旁人不敢领教，基本上，有此行为者，其实自己本身也很不快乐，所以才以这类举止把心中的感受传递给旁人。

他们的负面人生观，最能说明一切。我们看到年轻人愤世嫉俗，或许会一笑置之；但若老人家如此，恐怕只会令子女跳脚，尤其其行为有性命之虞时。下面几个案例，可更清楚地阐释此观点。

宁可独居也不肯住进养老院的埃尔西

埃尔西从小就郁郁寡欢。她虽结了婚，也把孩子养大，然而先生和小孩都饱受她的负面性格之苦。先生哈里对她呵护备至，唯命是从，见太太稍有不快便竭力抚慰。尽管如此，埃尔西永远找得出可埋怨之事。等两个孩子相继离家，一个去念大学，一个结婚，埃尔西更是快快不乐。

她似乎总罩在一团乌云里，怪先生只顾工作不休假，儿女没打电话祝她生日快乐，邻居不把园丁的电话号码给她。哈里在87岁那年走了，留下85岁的她。哈里走前缠绵病榻那段期间，埃尔西变本加厉，责备哈里只顾工作而不顾健康。"如果他跟别人家的先生一样懂得休假，今天就不会落到这步田地。"接着又怪哈里没让她经手家中财务等事情，害她如今没办法独自处理。

埃尔西以往的社交活动都靠哈里安排，如今他走了，孩子又都住得老远，她一个人孤单又寂寞。冬天更糟，可怕的气候让她只能待在家里。雪上加霜的是她视力衰退，连开车去买东西都成了问题。于是她不断打电话跟孩子抱怨，她这么需要帮忙，他们却没一个在身边，亲戚也都不住附近，而邻居都如此"可恶"，从来不伸手帮她。

其实孩子只要有空，都会尽量前来了解状况。他们心知肚明，父亲过世后，母亲独居会有困难，于是不断劝她考虑其他安排，无奈埃尔西拒绝任何改变。如今情况恶化，子女更不遗余力地想让她把房子卖了搬到养老院，这样既可排遣孤单，也不用再为家事烦心。埃尔西想都不想，"别再烦我，"她气得浑身颤抖，"我不需要你们或任何人教我怎么做。"同时喃喃重复她的口头禅："你们这些可恶的人哪！"

别强迫父母迁就你

6个月的时间里，问题变得每况愈下，埃尔西的女儿发现自己的生活重心已从家庭转移到照顾妈妈。有一天她终于忍无可忍，知道自己必须求助，便来参加我们为成年子女和家属举办的工作坊。很显然，埃尔西的负面性格无法接受任何理性的讨论，于是我们建议她女儿换个方式：别跟母亲理论，因为那完全无效；试着展现同理心，让她知道你了解她的感受，但你不必同意她。这个方法果然奏效，以下是这对母女最近一次商量搬去养老院的对话。

母亲：那地方离购物中心太远了。

女儿：我知道你习惯老家这里的便利性。

母亲：我认识住在那个养老院的一个人，我不喜欢她。

女儿：是。

母亲：如果搬去那么小一个房间，我这里这么多东西怎么办？

女儿：我可以理解不能把东西都搬过去，让你很不好受。不过只要你愿意，我可以帮你过滤。

出乎家人意料，埃尔西答应搬去养老院，只是嘴巴不断嘟囔说这绝对是个错误。

母亲：我余生肯定要为做了这个决定而后悔。

> 女儿：很遗憾你有这种感觉。
>
> 母亲：我就没人家那种好福气。你和你哥都不会一起来看我，好能全家团聚。
>
> 女儿：我知道你很失望。

这种沟通风格也许让你耳目一新。以往你可能总是力劝父母往好的方面看，当他们对你口出恶言时你会感到愤怒不已。实际上，如果你试着理解他们这种负面行为往往来自本身的不安全感，你就不会硬要他们迁就你了。

◇ 与其跟负面性格的父母争执或理论，不如试着对他们展现同理心。

其实，埃尔西这样的人就是无法开怀地拥抱快乐，又要为自己的不幸寻找代罪羔羊，而那往往就是身旁的近亲。他们不会处理自己的情绪，只会用种种毫无建设性的方式宣泄，结果便是雪上加霜。如果你能以同理心给予支持，他们就比较能够收敛，你也不会因反射性的剑拔弩张而自觉步上他们的后尘。如果你有小孩，这样的同理表现，无疑是他们与人沟通的最佳典范。

面对埃尔西这类父母，成年子女最大的挑战就是管住自己的嘴巴。

当你读完上面的对话，或许会有股冲动想对埃尔西说："你有地方可去就该谢天谢地啦。"但那只会加深她的痛苦，使得彼此更加对立。相反地，女儿以同理心来回应，则缓和了埃尔西的负面行为。假如你实在气到无法说出同理话语，不妨尝试这句台词："我们先别谈这个。"你会很惊讶，这么简单的一句话竟能化解危机，让彼此重新开始。

如同方才所述，成年子女面对负面性格的父母，愤怒是自然反应，而此反应会让父母更生气，接下来的口舌之争对谁都没好处。剧情也可以不这么发展。当我们如此告诉客户时，他们总是一脸怀疑。从同理心出发，确实能踏上不彼此挑衅的康庄大道。下面案例展示了当母亲踩到自己的地雷时女儿的回应方式。

[案例10]

不随母亲情绪起舞的女儿

我妈真的让我很头大。我得时时提醒自己，她就是这样，看什么都不顺眼，一辈子都不会做人。旁人几乎都不理她，她成了自己最大的敌人，以致现在孤孤单单。我选择对她不离不弃，但她那张刻薄的嘴巴就是改不了。

每当碰到这种挑战，我就想到我那难缠的老板，也许我可以从我妈这儿学到一些应对技巧，同时用到他们两人身上，这对我的人生只有好处没有坏处。我得牢牢记着：就算妈妈下了战书，我也可以选择不回应。

这个女儿学会的是，把母女间的沟通视为一种挑战，而非斗争。她准备好以新的技巧代替互殴——取下拳击手套，可以这么比喻——于是母女关系得以维系，无所谓谁输谁赢。下面这个对话，显示一个女儿面对负面情绪的父母时，如何忍住自己的战斗本能。请想象你是她，刚来探视父亲。

> 父亲：你连牛奶都没帮我带。
>
> 女儿：爸，有人会把牛奶送来家里。这是我们一起安排好的，记得吗？
>
> 父亲：你有时间陪所有人，就是没时间陪我。我猜你今天打算去做你自己的事。
>
> 女儿：（只听不语）
>
> 父亲：怎样？不愿意听真相了，是吧？
>
> 女儿：我一边在听你说，一边试着努力体会你的立场。

　　重点在这位女儿没有吃下爸爸抛出的饵，她不曾为没带牛奶一事辩解。如果她这么做，恐怕会让爸爸更觉不受重视，情况只会变得更糟。不管她的理由是什么人或什么事，老人家大概只会说："哦，我就是没那件事情或你那位朋友重要啦……"

　　简明扼要，同理回应，是处理这种状况的两个关键技巧。

　　那并不容易，但你能学会低调以对，化险为夷，练习是必要的。当客户带着这类问题前来，我们常跟他们进行演练。你也可以找位近亲好友，帮助你精进这种技巧。

　　不要放弃，结果值得你所有的努力。

◇ 面对父母的恶言相向，冷静拆解这枚炸弹是你的挑战。

与父母相处的质量，在精不在多

　　也许你还记得那些唱着抛掉负面情绪、强化正面情绪的老歌，想来这些作词者在创作时，心里应该没有负面性格的父母；但如果你的双亲具有负面性格，不妨好好深思这些歌词，里面其实蕴含着无穷智慧。要与父母建立正面关系，就是要为他们多做些不致引发其负面反应的事，以避免踩到地雷。这对双方都有好处。

就某些情形而言，你应努力做个好子女，而非去当看护。例如有个儿子向我们抱怨，每回帮母亲采购，母亲只会嫌东嫌西。我们劝他停止做这件事，因为这显然会引发母亲的负面反应。把这类琐事交给其他人来处理，你则应通过其他途径与母亲建立关系。你和父母曾共同拥有过长远的过去，如今随着他们逐渐老去，你们彼此再度靠近，青春期曾因权利拉扯而有的种种紧张因而再度升起。这很自然，但不必搞得像从前那么严重。外界的各种资源可以淡化这个问题：交通可以交给出租车，跑腿可以请快递，陪伴、开车、做饭可以找个家政，也可以利用宅配服务，这样你们就能去享受美好时光了。要善用父母所在之处政府提供的公共服务和福利设施。

对某些家庭而言，某些事情由子女相陪，双方都最开心。下面所举的例子，或许也有适合你和父母一起做的。

· 帮父母核对账册。

· 翻阅相册，回忆往昔。

· 帮父母剪指甲。

· 租一部电影一起观赏。

· 带父母去看电影、听音乐会、看戏等。

· 带父母出去吃饭。

◇ 避免做出容易引起父母负面反应的事，选择让彼此都开心且乐在其中的活动。

我们也不断提醒处于这类情况中的成年子女：好好照顾自己。许多人只想着如何让父母开心，结果却忘了自己。也许那是成长时期的旧事重演，若是如此，赶快认出这个模式，积极调整，这样你才能成为一个快乐的人。

以下是一些子女分享的自我鼓励的方法。

> · 我会打电话给我哥，他最清楚我妈把人惹毛的本事。当我和他一同回顾往事时，我经常笑个没完。
>
> · 暂时抽身，写写日记，这么做对我最有用。
>
> · 我会打电话跟好友倾诉，之后我就会觉得好多了。
>
> · 我会租几部电影，放松整晚。
>
> · 心情低落时，我就去买条毛毯回家把自己裹起来。
>
> · 我会出去健走。万一天气不佳，就待在家里骑室内脚踏车。

与负面性格的父母相处，不见得时间愈长愈好。你无法疗愈他们的寂寞与痛苦，只能保持稳定的联系。长时间的探望后，当分离在即，父母会感到更加悲惨孤独。因此，如果你从外地来探望父母，别时时刻刻都和他们在一起。与其住在父母家里，不如住旅馆，以便安排一些自己的活动。

你可能会发现自己认同父母的看法，觉得做什么都于事无补。若真有此倾向，那可能是个警讯，表示你压力太大，得多把焦点转向自己，参加互助团体或寻求个人咨询是很好的办法。不管做什么，重点是要能抒发压力，恢复能量，可别让一片孝心榨干了自己。

◇ 让自己保持愉悦和平静。在找到合适的活动之前，应尽量多方尝试。

◇ 小心别让自己的性格也变得负面，那是有传染性的。

评估风险程度，为父母做最好的安排

父母的负面性格会对亲子关系造成压力，这点毋庸置疑，而有时那不仅会危害彼此的关系，甚至会带来严重的后果。如果你认为父母的健康和安全危在旦夕，但其负面性格却不让你帮忙，这时，你必须跨出支持和同理的界线，毅然出面做主。

难题在于，如何判断风险程度已高到应不顾父母反对，义无反顾地介入。以下几项依据可供你参考，你要尽可能客观、不带情绪地检视。如果觉得太难，不妨找局外人帮忙，像是老人护理管理师。

以下介绍几种不同的风险状况，可作为判断上的指引。

高风险状况

首先在这个状况中，主角的母亲和埃尔西一样新近守寡，不同的是两人的健康情形差很多。以下是女儿多丽丝在一间工作室所做的分享。

我好像就是帮不了我妈。她对我每个建议的回应都是"不好"。打从我有记忆以来，她永远是这么负面。我记得她至少开罪了4个朋友，因为她总是毫不留情地批评她们的外表和小孩，搞得到现在自己一个朋友都没有。以前我父亲在，这还不成问题；但自从一年前他过世之后，我妈就孤零零地住在那间老房子里，咬牙撑着。

只要我没在旁边盯着，她就不吃晚餐。她的血压很高，一定要按时吃药，但我不知道她是忘了，还是故意没吃，好让我一直跑去。我还在她厨房的柜子底下发现一只烧焦的锅子。当我提议找人来帮忙打理，也好提醒她吃药时，她一口拒绝。我在我家附近找到一家很棒的养老院，绝对可以提供很好的照顾，她的答复是："等我死了再说。"我实在是筋疲力尽，完全没辙了。

多丽丝描述的这个情形，存在3个风险因子。

- ·她母亲不吃晚餐，导致体重下降。
- ·她母亲没有按时服药。
- ·她母亲会把锅子烧焦。

这3项要素已足以构成高风险情状，多丽丝应不顾母亲的意见，挺身而出主导局面。她母亲的健康受到危害，随时可能在厨房或哪里发生意外。最好的解决之道是找个看护或家政，帮忙做饭、提醒服药并提供陪伴。

接下来的问题是如何介入。让家人一一与父母对谈是一种方法；不然，全家聚在一起力劝母亲，看是要接受看护服务还是其他看护方式；若想合并以上两种途径也行。有时，子女非常清楚怎么劝都不会有用，那就直接找来看护，然后祈祷父母能接受。

只要家人能维持共识，以上行动通常都没问题。但有时成效就是昙花一现。例如一开始母亲也许答应请看护，过了几周后，她开始气家人干预，开除了看护，并对孩子们说："假如她明天还来，我是不会开门的。"

◇ 若风险实在太高，子女恐怕得不顾父母的抗拒和反对，找人来照顾他们。
◇ 当你决定不顾父母反对而介入时，也需寻求家人和亲友，甚至外人的通力合作。

万一黔驴技穷，或家人对风险程度看法不一，可致电父母居住地的社会局，咨询"银发族服务"相关事宜，接下来便会有社工人员前来做家访，评估风险，安排资源。紧接着是另一个高风险例子，我们帮助故事中的儿子乔靠自己摆平了状况。乔在我们主持的互助团体中，叙述了他所面对的难题。

　　　　我好怕我老爸开车时会害死自己或别人。他的时速比最低限速慢了20公里，而且还会从中间线道直接来个转弯。有时他会忽然搞不清状况，就把车停在马路中央。

　　　　他的视力一塌糊涂，反应迟钝，有时不知自己身在何处，医生认为可能是初期的阿尔茨海默病。每当我一提起驾驶问题，他就气到满脸通红，对我大吼说："你就是想控制我的生活，夺走我能做的最后一件事。"我不想伤他的心，但更不想看到他伤害自己或任何人。

　　"你是应该感到害怕的。"我们告诉乔，"很显然，一场车祸随时可能发生。但你可能没留意到其他事情，你父亲生气的反应透露了一切，他说你想夺走'我能做的最后一件事'。老人家正在面对身体和精神的各种衰退，包括眼睛看不清楚、身心反应迟缓等，而你和其他人一直对他说，他已不再是前几年那个精力充沛的人了。"

　　"驾驶执照象征着独立。"我们继续说，"还记得你自己拿到驾照时有多兴奋吗？那是'成为大人'的一种仪式。若这项殊荣被夺走，对你父亲而言将如同灾难，也许对你也是。你要设身处地考虑问题，与其把这看作意气之争，不如当作是你们都很难处理的问题。"

　　这类问题并不局限于负面性格的老人家，而是会发生在任何人身上。假如你和乔一样，不知该怎么劝老爸放弃开车，不妨换个方式。别大声吼叫要他停止，冷静地谈，提醒他眼力已不如从前，请他回想上次眼科医生是怎么说的。如果还是无效，就请他的医生出马。一张"不得驾驶"的处方笺往往就有用了。

若还需要更激烈的手段，机动车辆管理所应该帮得上忙。在美国某些州，医生来信便可让机动车辆管理所在驾照到期前，要求驾驶人进行更新执照的体检。万一你父亲的驾照因此被州政府注销，那么坏人是州政府，不是你。那时，你父亲会感到自己失去了最后一项能耐，将非常需要你的同情与支持。

低风险状况

[案例 11]

依赖又挑剔的拉尔夫

目前贝蒂和父亲拉尔夫住在同一个城市。拉尔夫刚从北卡罗来纳州搬来不久，跟他同居5年的女人离开了他。

拉尔夫70出头，健康状况良好。回头看，贝蒂明白父亲一直很依赖女性，最早是妈妈，而妈妈刚过世，他马上跟一名比较年轻的女子在一起，直到对方受不了他太需要关注而离去。现在照他意思来说，女儿应该要全力照顾他。贝蒂立即发现自己每周要花10个小时在爸爸身上，加上她自己有两个小孩要顾，又是全职上班族，不用说，很快她就力不从心了。

让贝蒂心烦的不只是爸爸毫无底线的要求。不管她怎么做，他永远不满意，这才真的令人受不了。她回忆起小时候爸爸下班回来，总是不断抱怨他的秘书（不管当时是哪一个）没有一件事做对，接着又念叨她妈妈家事永远没做好。

当年母亲也许是心甘情愿的，但贝蒂可不，她知道父亲没理由不能自己多做一点。她建议父亲搬进一家老人公寓，那里有充足的资源，更有许多社交机会。

不出所料，她父亲不肯离开这家毫无独立精神的公寓，搬去"一个处处是老人的地方。"

于是贝蒂来找我们。以下是我们提供给她的建议，以问答形式呈现。

· 你父亲是否有权继续住在他的公寓，即便那对他的女儿，也就是你，很不方便？是。

· 你父亲是否面临任何风险，让你必须强迫他搬出去？否。

· 你是否应该放手？是。

· 如果你不想继续扮演照顾者，可有其他方案？有。

贝蒂的父亲有权决定自己的居住方式，即便所有人都认为还有更理想的选择。除非他有自我忽视或自虐的危险，否则没必要插手。

但那并不代表贝蒂得照父亲的意思走。虽然不能强迫父亲换地方住，她应该知道还有其他方法，既能满足父亲的需求，又能让自己卸下重担。首先，她可以研究一下自己的社区有哪些银发族服务项目，然后把信息告诉父亲。他同意的话，也可以安排其他服务，像是宅配餐点、跑腿打杂与交通接送等。

◇若父母的情况属于低风险，身为子女的你就放手吧，没必要争得彼此不和。

当你评估过整个状况，确定风险程度算低级的之后，就放手别管，只需把各种资源等相关讯息提供给父母即可。

中度风险状况

并非所有情况都那么黑白分明。事实上，有很多灰色地带暗藏着不可忽视的风险。

朱迪如此描述父亲的状况。

> 过去10年，我和我爸都没来往，因为他伤害了我的自尊。在我还小的时候，他经常无缘无故吼我，喝酒之后更严重。他老是顶撞老板，因此不断失去工作。
>
> 他自己的弟弟从不跟他联络。事实上，他生命中的所有人都已离他而去。我这次回来，是因为他的邻居写信给我，说他开始失忆，不该放他一人独居。
>
> 厨房洗碗槽里的蟑螂四处乱窜，里面一堆没洗的碗盘。冰箱几乎是空的，仅有的几样食物也快坏掉了。他比以前更自我，也更难相处。我跟他说该请人来帮他做饭、整理家务，他骂我说我在破坏他的生活，他才不要让陌生人进到家里来。

朱迪可以向某个中立单位求助，例如社会局，由他们提出专业评估。他们会先设法踏进朱迪爸爸的家门，了解他需要什么样的服务，并与之建立关系。也许他说采买和做饭让他很伤脑筋，那么社工人员便可和他一起找出解决方案。像朱迪父亲这样的人，有时宁可让局外人进到他的世界。

在社工人员盯着朱迪的父亲正常饮食之际，她也会评估他的失忆情况，借此了解他生活自理的能力。

◇ 如果你不确定是否该介入，可暂且退后一步。也许你太靠近父母的处境，因此无法客观应对。若是如此，不妨请中立的第三方帮你评估风险，并提出建议。

社工人员能帮助朱迪客观地审视父亲的处境，和她讨论其所涉风险程度。需要的话，还可以开始规划之后应采取的措施。同时，社工人员也能协助家人深入了解父亲性格的背后成因。

或许，朱迪父亲目前唯一的风险只是会吃坏掉的食物。若是这样，朱迪就只需定期来检查爸爸的冰箱，更新食物储备。面对充满敌意的父母，与其来个天翻地覆的看护安排，不如像这样做些他们可以接受的特定事项。

当你束手无策时，请第三方协助

在上述三种风险情境中，几位子女面对负面的父母可以说是完全束手无策，每个人都想介入帮忙，却都遭到冷淡回绝。此时，许多成年子女会觉得只有两条路可走：要不就迫使父母接受他们的援助，要不自己就放手不管。

我们还有另一个不同的建议：退后一步，调整一下。像上面谈到的这种中度风险状况最难评估，因为它涉及灰色地带。如果你也无法判断，不妨请社工人员前来帮忙，这样你就能客观地审视，哪些事会惹父母生气，以及他/她拒绝改变的原因。

为何老人家抗拒改变？

多数人都以自己的独立精神与自主生活为傲，老人家也是一样。

他们可能对某些事情的看法与子女不同，就像你有时也不赞成小孩或朋友的意见。你有自己的做事方式，不希望别人来告诉你该怎么做。

有时候，老人家拒绝听任子女安排，不啻是种健康自主的表现。也许子女总是太过坚持，一味地认定父母听他们的话才会比较好。

想搞懂这点，最简单的方法就是想象自己是个老人，也许80多岁，或者更老；可能失去了不少东西，包括视力、听力、活力、行动力，却仍尽最大可能适应这一切。当然啦，比较迟缓是在所难免的。当孩子暗示你"这样"不妥，他们才知道怎样最好，想必你很可能也要不高兴了。接受人生所流逝的东西，难道还不够令人心烦吗？还得忍受这些"万事通"子女吗？不过再想想，或许你也同意，为了自己的安全和健康着想，是该做些改变了，于是尽力做出调适。

再假设你是之前那位多丽丝的母亲。这辈子你努力对抗抑郁，自有一套坚固的防御机制，拒绝任何可能危及这个机制的改变。现在年纪大了，健康变差了，孩子来劝你，生活方式得做个大调整。光是这个念头就让人焦虑不已，你当然会百般抗拒。

健康的老化，需要调适性的自我认知——我虽然无法做这个那个了，但我还是可以找到其他东西，这不是所有人都办得到的事。那些难相处的人更难承受岁月带来的流逝，他们对老年的抗拒超乎寻常，因为老化对他们的自我平衡造成了重大威胁。所以，多丽丝的母亲无法适应眼前的改变，她的僵固让她无法理性做出判断。要她看清生活无法自理的事实，就等于要她承认自己已彻底失败。

> ◇ 先评估父母所涉风险程度，若属高风险，你要介入；若不是，就放手。你若无法自行评估，就请专家协助。

面对什么都不满意的父母，先别急着动怒

如果你父母的状况与上述几则例子雷同，你就会知道，负面行为几乎从不单独存在——泼冷水的种种行为，往往会同时发生。假如你的母亲很负面，反对你所提的每项建议，她大概就会因为你的这些建议而骂你，对你满腹怀疑并充满敌意。这些行为就是如此纠缠，彼此应运而生。

一个嫌东嫌西的父母让人很难招架，你会本能地想自卫或反击，这么一来，父母的攻击力道加强，你也不假辞色地还击，于是开启了一场没有赢家的战事，彼此只有更加气恼与受伤。

别对父母以牙还牙，那没有效果。采用非抵御、非批判策略来回应。下次当妈妈骂你时，深呼吸，让那些刻薄的语句从你背后滑落。可是，一辈子已经习惯了那样反应，改得了吗？你可以的。只要你了解妈妈其实身不由己，那些行为反映的是她严重缺乏自信，而为了驱走这种自卑，她让自己相信周遭人的缺点更多，所以她陷在一种唯我独尊的意识形态中，总是贬低旁人，尤其是最亲近的人。这就是她面对世界的态度。你若开始抵御，会马上加深她的自卑；反之，你若默默承受，她获得了自信，就会放你一马。

◇ 难相处的父母格外抗拒改变，因为那会摧毁他们终生的自我防卫机制。

不妨先做好最坏的打算，设想每次碰面，父母就会对你出言不逊。根据经验假设一个情境，然后揣摩你将如何回应。举个例子，想象你去探望母亲，她一见到你就说："你这条领带和西装完全不配，你是色盲还是怎样？"以往，你大概会马上反击说："我不知道你在说什么，我觉得这条领带很适合。"现在，你可以这样讲："妈，也许你说得对，

回家后我该把卧室灯光调亮一点。"

另一招是转移焦点。例如我们有位客户某次去探望她母亲,碰到这样的欢迎词:"亲爱的,你这双鞋子在哪里买的?真丑啊!"

这位客户没像往常那样觉得被人身攻击而启动防御模式。她早已做好准备,于是四两拨千斤地说:"噢,我也不记得了,妈。我倒是很喜欢你脚上这双鞋呢,你在哪儿买的?"她母亲这样回答:"你喜欢吗?记不记得有一次,你爸爸带我去海边度假?我在那儿一间很可爱的小店看到……"

如此一来,这位客户把谈话焦点从自己转移到母亲,而且是转到一个让她发光发亮的地方。设想各种可能被父母批评的情境,一一准备好善良的答复。有时也可以找人演练一下。

被父母批评的感受尽管很糟糕,但还有更糟的:父母很需要某人的帮助,却总以批评浇对方一头冷水。下个例子就是如此。客户贝丝告诉我们,她婆婆莫莉很爱批评她的看护伊莱恩。

> 有一次我去探望她,她跟我说:"那个肥婆,成天只知道吃和看电视。"我婆婆讲这些话时完全没压低声音,反而拉高了嗓门。我都快昏倒了。伊莱恩也只能忍耐。我猜这不是婆婆第一回当面讲这样伤人的话。"妈,你怎么这样说呢?"
>
> 我跟婆婆说:"你知道她帮你做了好多事情。如果你再这样,她会走掉的。"
>
> "那我要谢天谢地了。"婆婆气呼呼地回我。

贝丝无法想象,伊莱恩怎么受得了这种欺人太甚的雇主。莫莉有糖尿病,儿子发现她会忘记吃饭,便雇请伊莱恩来帮忙打理家务、采买和做饭。

贝丝的先生说,从他有记忆以来,妈妈就是这个样子,后果也不难想象：她没有朋友，家人对她也都敬而远之。现在问题更大，若留不住看护，她的健康会出问题。一辈子毒舌的毛病，有办法解决吗？

我们告诉贝丝，他们夫妻可以采取几种应对方式，而最重要的莫过于先了解到，莫莉不像一般人一样有自我审视的内在机制，她一感到压力，便马上口不择言。这种类型的人情绪低落，欠缺判断能力，自我控制能力很差，完全不知如何面对老化；随便一个普通毛病，如短期记忆丧失，他们都视为天大的缺点。由于他们无法坦然接受自己的缺陷，因而必须把矛头指向他人。

像莫莉这样超爱批评的人，甚至不晓得自己有此毛病——她欠缺理解此事的情感能力，也无法理解看护对那些言词会有何感受。所以，别帮看护讲话，那只会火上浇油，让她说得更毒。试着告诉她，批评看护是不智之举，会惹得看护与她对立；相反地，若善待人家，人家会加倍对她好，这才是聪明之道。

除了在婆婆身上下功夫，也别忘了帮看护打气。把她拉到一边，解释婆婆根本身不由己，这是她一辈子的毛病，她是自己最大的敌人。时时赞美，感谢看护的耐性与付出。一旦伊莱恩了解这位老妇人无法自我控制，她的内心十分痛苦，就不会把那些难听话放在心上，反而能给予同情。

◇ 要明白父母批判和挑剔的性格已经根深蒂固，身为子女，不妨卸下武装，以理解的态度与他们相处。

面对处处疑心的父母，先别急着说理

我们已经看到，老年人的负面与刻薄常随着老化而加深，疑心病也是。这问题同样出现在泼冷水行为的清单中。不难想象，一个原本多疑的人，晚年会变本加厉；若又碰上老年常见的失忆，甚至会变成偏执性妄想。

下面是一位女儿口中的母亲。

我妈每次洗碗时，会把钻戒脱下来摆在料理台上。今天刚好碰到帮忙打扫的人来，她就随手把戒指收进柜子里。那人离开后，我妈找不到戒指。它没在平常摆放的地方——不在料理台上，也不在梳妆台抽屉的珠宝盒里。她马上有了结论，于是出现以下对话。

母亲："明迪偷了我的钻戒。"

女儿："你听起来急坏了！先冷静下来，想想看你放在哪儿了。"

母亲："我记得非常清楚！我的脑袋灵光得很！你老是帮别人讲话！"

女儿："我只是请你理性一点，别这么指控明迪。20年来她从没拿过你的东西呀！"

母亲："我不管你信不信，反正她偷了我的戒指，我要去她家把戒指拿回来。"

女儿："妈，这样做不妥啦！"

女儿那自以为是的口吻，让这位母亲不禁武装起来。有这种性格的人，一旦碰到别人暗示他们的记忆有问题，就吓坏了。他们把这解释为人家暗示他们的心智有问题，不免会更抓狂。不难想象，情况愈演愈烈，这位母亲显然不信任明迪，一口就认定她偷了戒指。人一旦偏执起来，是不可能跟她讲理的。女儿试着指出事实，只会加深彼此的对立。

下面是比较有效的处理方法。在此，女儿认可母亲的感受，而非攻击她的信念。

母亲："明迪偷了我的钻戒。"

女儿："真让人生气。"

母亲："对呀，我要去她家把东西要回来。你能载我去吗？"

女儿："现在不行，我得准备晚饭。让我想想怎么处理这件事。你先告诉我整个经过，当时还有其他人在家吗？你什么时候发现的？有没有丢其他东西？"

在这段对话中，女儿没有反驳母亲对明迪的指控，而是同理母亲气恼的反应。记住，当父母有了偏执的想法后，怎么讲都没用，你该做的是表达同情，比方这样：要是我，也会很生气。或"天哪，太可怕了"！

你也许会担心，这样会不会加深父母的偏执念头，实际上并不会。你的父母正感到恐慌，需要你的情感支持，这类话语会产生镇定抚慰的效果，所以不要低估其重要性。

看看女儿是如何追问细节的。把焦点放在事实上面，要比徒劳的理论有建设性，也显得没有威胁。

当然，父母的猜忌可能严重到影响生活能力，如果是这样，就要去看有治疗老年人经验的精神科医师，医师可能会开药，尤其在老人有幻想或幻觉出现的情况下。

◇ 父母若有疑心病，是劝不好的，但你可以包容他们的情绪，不管是害怕、焦躁还是难过。

父母性格大变，背后必有原因

就像其他难缠行为一样，泼冷水的举止也可能到老年时才出现。

下面是南希描述的她与父亲之间的状况。

> 我妈3年前过世后，我帮我爸请了一位全职管家，所以90岁高龄的他仍能住在家里。不知怎的，他对这些管家越来越无礼，有时简直是苛刻。以前他从不会这样，我已经快请不到人了。我实在搞不懂爸爸怎么会性格大变，也许人老了就会这样。

我们告诉南希，人不会只因年纪大就变得刻薄的，背后必有原因，而那是我们必须找出来的，这么一来，我们说不定可以帮助父母扭转回来。回顾第1章谈及老来出现的依附行为，那些老人便是多亏了子女的耐性，才最终找回往昔的自己。

有时这种根源显而易见，可惜南希的父亲不是，你的父母或许也不是。那有可能出于生理因素，也可能是心理上的原因。我们建议南希先从生理方面确认，若完全找不出原因，再往心理方面找。以下是我们初步向她提出的问题。

◇ 老人家出现性格上的改变，必定有其缘由，只有努力找出原因，你才会知道如何解决。

· 你父亲最近一次体检是什么时候？他的身体有哪些地方不舒服吗？

· 他的记性是否变差？如果是，带他去医院检查。人发现自己的反应变慢，往往会产生失落感，也可能会显得易怒。

· 他服用的药物有调整过吗？医生知道他的个性产生变化，确认可持续使用这样的处方吗？

· 他有按时吃药吗？

· 他的饮食是否正常？

如果这些问题未能带来一线曙光，就转向心理层面探讨，例如你父亲也许还在哀悼你母亲的离世。

如果原因确实与情绪有关，建议兄弟姐妹一起跟父亲好好谈谈，与他分享你们的观察和担忧，看他能否提供更多内幕，大家共商解决之道。如果父亲不愿配合，你们就只能设法适应，也许可直接向他指出哪些行为大家可以接受，哪些则不能接受。

我们建议南希请一位护理管理师到家观察。比起子女，局外人往往更知道如何调停老人家与看护的问题。让专家评估你父亲需要多少居家看护，因为有时候往往是子女关心过了头，管太多了。

父母的内心承受着孤寂

如果有人对你忽冷忽热，动不动就责备你，说你不怀好意，否定你所有的提议，你八成不想再跟他有任何瓜葛。所以这种人多半没有朋友，子女也躲得老远，往往在父母需要照顾时，才由于负罪感或责任感（并非因为爱）而出面照顾。

但你要记住，尽管父母让所有人头大，但他们比子女更不好受，而且他们无法逃离自己，只能孤独地与内心的苦闷挣扎。

成年子女能做的最有效之事，就是去了解父母行为背后的成因，这将为亲子双方带来帮助。理解几乎总能带来同情，进而开启一切可能。对父母的态度只要略做改变，就能使他们待人的态度产生极大的转变，不管是对你或对其他人。

◇ 你若理解父母为何会有那些泼人冷水之举，反应就会不同。你的态度只要略加调整，就会为他们带来极大的改变。

4

自恋型父母

我妈是太阳，其他人
不过是绕着她转的行星。

自恋型父母的行为特征

当你的父母：

- 自我形象扭曲，一方面自认与众不同，另一方面又觉得低人
一等
- 只从自己的角度看事情，从不在乎会对别人造成什么影响
- 对他人的需求无感，却自以为宽厚慷慨
- 自己的地盘不容侵犯
- 嫉妒别人
- 成天喊着不舒服，让人搞不清是真是假

父母年事越高，老化状况越多，免不了会把焦点放在自己身上。但若碰到那种一直要当世界中心的人，怎么办？如果你的父母属于这类，他们或许一直以来就是个大麻烦，让你只想离他们越远越好。无奈他们目前受到老化摧残，一方面比以前更自我中心，一方面也更加需要你。

下面这个例子，是我们提供咨询服务时常见的典型。玛吉来帮她母亲格特找新家，希望能觅得一个更安全、能提供更多看护的地方。以下是她的描述。

[案例12]

骄傲的拒绝帮助的格特

过去几年，我妈的健康和视力不断衰退，但我真的不知道该怎么帮她。听她讲话，你会以为她像50岁的人那样可以随心所欲地四处走，实际上她什么都不做，总要等我周六去载她出门，而那是一星期中我唯一可以休假的一天。

每次我建议她搬家，她就大发脾气。几个月前她伤到了髋关节，走路不稳，最近又跌倒两次，但她出门还是不肯用助行器，甚至连手杖都不拿。她说："如果我用手杖的话，人家会以为我是个瘸子。"

这就是我妈，一直都这么骄傲。其实说"骄傲"还太客气了，她总是大剌剌地吹嘘自己多有才华，我的成就也都得归功于她。更有甚者，她从不知道我对任何事的看法，只在乎她自己怎么想，以为我的想法都跟她一样。

我妹妹雪莉说得好："妈是太阳，其他人不过是绕着她转的行星。"那让我想到《圣经》第一卷《创世纪》里那个梦到父母、兄弟都跟他磕头的约瑟夫，后来兄弟们让他付出了自大的代价。我和妹妹从没想过要母亲付出代价，只是我们都很早就结婚，尽可能搬得离她很远。

当然，即便我现在住得近了，她仍整天念叨我曾经"丢下"她。如今她加倍需要关注，几乎没有限度地提要求，而我们毕竟是她的女儿，总得把她照顾好。

她认为我们的先生是侵入者，从来没给他们好脸色看，但她自己不承认。好在，母亲这样霸占我的时间和心力，并没有危及我的婚姻。

自恋者的典型举止

格特的举措，可以用"自恋"（narcissistic）来描述。这一名词出自希腊神话中总是顾影自怜、俊美又自负的那喀索斯（Narcissus），常用来形容某人自我意识太强烈。此一形象似乎颇符合格特，至少对她的女儿们来说是如此。

我们用"自恋"来形容某人，通常表示其自我感觉良好到不正常。当某位女性为自己一手把孩子养大而感到骄傲时，我们并不会说她自恋。格特不同，她一辈子的自负，强烈到连女儿都觉得有问题。两者之间差别何在？健康的自傲与病态的自恋，基本差异在当事人的自尊是源于内心，还是仰赖他人。前者在成就某事之后，无论事情大小，都对自己感到满意；旁人的赞美当然让他很开心，但他并不需要因此才有成就感。相对地，病态的自恋非得得到别人的恭维不可。以某著名数学教授为例，这位先生在一所著名学府任教多年，通常像他这样地位显赫的教授，此时早已带出数十名博士生，但他却只有寥寥几名，因为众所周知，他总是把学生的研究成果冠在自己头上。明明自己早已成绩斐然，名满天下，却一直剽窃学生的心血，以维持别人对他的赞美。

◇ 自恋的人需要旁人不断地吹捧，以加强其良好的自我感觉。

格特就像这位教授，一直渴望旁人的奉承。智商高低不是重点，他们的内在机制一模一样，都需要旁人不断地吹捧。

通常病态的自恋者只要能力所及，一定要过某种惹人注目的成功生活，让他人羡慕以满足自己的虚荣心。他们只顾自己的美丽、权势、成就，没时间同情别人，因为在自我膨胀的外表之下，本我十分脆弱敏感，受不了任何批评。

从玛吉对她母亲的描述中，我们即可窥见这种自恋者的行为。

◇ 在高涨的自我底下，隐藏着过分敏感的脆弱本我。

◎ **"如果我用手杖的话，人家会以为我是个瘸子。"** 跌伤髋关节，对自认是美女的格特无疑是一大打击。我们听到玛吉说，每次有晚宴，母亲总要花上几个钟头揽镜自赏；她的朋友都小她很多岁，这让她自认青春有活力。从这些蛛丝马迹中，我们不难想象她很难接受老化这件事——拿手杖还得了，整个人看上去不就又丑又老了。

◎ **"她总是大剌剌地吹嘘自己多有才华，我的成就也都得归功于她。"** 格特自认禀赋超群，这种感觉其实是在遮掩自己不如人、没价值的自卑感。她把女儿玛吉看成是自己的延伸，而非独立的个体。玛吉小学时得到绘画比赛冠军，格特的反应像得奖的是她自己，不然也是玛吉能得奖，全因有她的基因。

◎ **"她从不知道我对任何事的看法，只在乎她自己怎么想，以为我的想法都跟她一样。"** 这位女士的同理心很弱，几乎不在乎他人的需求，即便是自己的女儿亦然。说得更直白一点，她无法体会女儿的伤痛、快乐或失望，所以永远不能真正懂她。像玛吉这样的孩子，常会对父母感觉很疏离。

这位母亲也显现出强烈的控制欲，借此维护自己莫名的优越感。她要牢牢掌控一切，生怕若不如此，自己将感到不安。极端自恋的人非常自以为是，旁人若有不同看法，势将受到她的鄙视。

◎ **"她认为我们的先生是侵入者，从来没给他们好脸色看。"** 格特只想独占女儿全部的心神，希望女儿呵护她、崇拜她，安分地当在她旁边转的小行星。如果有人把这些行星带走，她马上视其为眼中钉，以致根本无法享受家庭开枝散叶的喜悦。就像其他极度自恋的人一样，格特只许女儿关心她一个人，而这经常造成许多家庭冲突。

避免自恋型父母无底线的索取

玛吉和她母亲相处上的问题绝非特例，你或许也面临类似状况。想维系亲子关系，首先得了解：这些人的自恋已深植于性格当中，与其希望他们能改变，不如先调整自己的行为和态度。

玛吉无法改变母亲，你也改变不了你的父母。有时身在这种处境的子女，一心只想讨好父母，无奈却只落得在原地打转。面对现实吧，这类父母是不可能持续感到满意的。明白这一点，你就能妥善调节自己，并可更包容他们。

别跟玛吉一样，陷入以其人之道还治其人之身的陷阱，即套用她母亲的控制手法，强迫母亲换地方住。这种意志之争只会造成两败俱伤，让亲情变得更加疏离。

> ◇ 不要奢求自己能满足自恋型父母。
> ◇ 停止与父母的意气之争。
> ◇ 避免会让彼此产生冲突的状况。另找帮手处理日常琐事，把彼此
>   相处的时间花在其他活动上。

当你理解自恋者惯常的行为，并看清自己对父母的反应模式时，你就更容易付出同情和宽容。如果你有位类似格特的妈妈，你就会知道，尽管她需要帮忙（采买杂物、检查邮件、跟她做伴），但你们兄弟姐妹不必全部揽下。谁能帮忙？下面列出几种帮手，他们来自正式或非正式的支持网络，能让居家老人更安全、更自给自足。

- 由社工人员出面协调看护人手，并向父母建议可从事的有趣
  活动（包括室内与户外活动）。
- 请邻近的高中生帮忙跑腿。
- 雇请负责开车的看护。
- 请康复治疗师来家访，评估父母的行动能力并给予建议。
- 请其他亲属定期来访。
- 请父母的朋友常来探视。
- 请教会教友志愿来访。

清楚表态，说明你能做哪些事情，别人能帮忙做哪些事情。要让格特狭隘的世界对其他人敞开，恐非易事，但请记住：你的态度决定一切。这有两种途径：威胁性的，以及不带威胁性的。

玛吉如果这么做，就糟了——跟妈妈吵嘴时冲口说出："妈，我受

不了来你这里当你的用人了。您还是另请高明。"

换成平静肯定的语气，会比较容易成功。但首先，玛吉必须想好要说什么，以及怎么说。她决定不要把整个周六都花在母亲身上。以前她总是一早来，帮忙处理各种琐事，再带母亲出门；现在，她准备请人负责打理杂事，她则和妈妈享受轻松时光。过滤邮件是其中一件麻烦事，母女常为这个斗嘴，所以玛吉决定这么做。

"妈，我知道你习惯让我每个周六来帮你处理信件，不过以后我会请海莉帮忙，就是住在附近那个16岁的漂亮女生。我周六照样会来，但有了海莉，你和我就可以出去走走。下周六见喽。"

玛吉向母亲保证她周六仍会来，这点十分重要，否则母亲会因她找个少女代替而感到受伤。时机也十分重要，应避免在愤怒厌烦的当下和母亲沟通；冷静理性的态度才是正确之道。

看到这里，许多读者或许会说："不可能，我妈绝不可能接受这样的安排，除非有天大的好理由。"请参考下面这个例子，一位女儿因为自己的健康因素而另请帮手。

母亲：记得啊，明天早上9点来。我跟牙医有约，还得再处理几件杂事。

女儿：妈，我没办法陪你，不过我明早8点就会到，让你认识苏西，她会带着你把要做的事情做完，然后帮你准备午餐，做完后再离开。

母亲：（不等女儿说完）亲爱的，那可不行啊，我不可能让别人来我这里跟我一起吃饭、看电视。

女儿：妈，拜托你试试看。前几天我去看医生，她很担心我的血压，叫我一定要注意身体，多休息。我希望我们在一起的时间是轻松愉快的，所以，明天早上我带苏西过来，然后周日照样带你去吃早午餐。

母亲：那……这个苏西是哪里找来的？

这位女儿直接挑明自己的健康状况，态度冷静明确。再怎么自我中心的父母，听到孩子的健康出了状况，多少也会有所警觉，即便他们仍担心自己没人照顾。设定界线，是子女需面对的一项重大难题；自己的成长阶段有任何需要，父母总是在那里，现在情况对调，自己也该对父母有求必应。然而，若父母过度依赖或太过自我，便容易没有限度地提要求，此时，子女就要懂得设定界线，平衡自己的身心。

说到底，极度自我中心的父母，几乎是永无止境地需要旁人的关注。你是该付出关心，但不该超出自己的底线，损害自己的健康。

如何适当地婉拒想来同住的父母

"我妈想搬来跟我们住，那会是一大灾难。"这是艾美面临的困局。照她母亲自己形容的，她"很完美"。"如果从头来过，我会选择完全一样的人生剧本。"艾美的母亲不断重复这句话。她母亲每年从佛罗里达州过来一两次，虽会造成紧张，但每次不过几天，还在可以忍受的范围内。这回不同了。母亲第一次讲起自己的心脏有毛病，所以跟女儿提出同住的要求。老人家常希望跟孩子住，一个原因是几代同堂的旧日传统，那个时代大家并没有太多选择。另一个常见的原因是孤寂，当父母变成孤单一人时，常盼望能从儿孙那里获得温暖，而非独居或跟陌生人同住。

艾美的母亲也许上述两种因素都有，却也更可能是因为她的自恋性格。她可能难以相信，像她这么"完美"的人，心脏竟有问题；跟女儿同住，可确保尽管如此，女儿依然爱她。有些子女对此要求非常配合。我们曾见过有些人不计成本，把屋子改造成无障碍空间。然而当父母很难相处时，一般子女的反应也就无外乎艾美这般——设法不让母亲搬来。

下定这种决心很不容易，把决定告诉父母更难。这是设定界线的最高等级。但无论状况如何，总有比较高明的沟通方式。

根据我们的经验，若能把握下面几个原则，情况会好很多。

- 尽量坦诚以对，也尽量为父母保留颜面。
- 自始至终都要表现得温柔贴心。
- 请父母安心，虽不同住，你一定会对他们加以照顾。
- 把话讲开。如果父母暗示想搬来，就开诚布公，一起讨论。
- 卸下武装。防卫性的言辞，总会激起更防卫的针锋相对。
- 清楚表达，坚定立场，也认真倾听父母的回应。

经过咨询，艾美跟先生及妹妹讨论一番，与妈妈有了以下对话。

艾美：我很高兴你也认为不要住那么远，尤其你现在的健康有些问题。妹妹和我都很欢迎你回到这个地方。你愿意出钱重新装修房子，本和我都很感谢，但我们考虑后，觉得实在不可行。你也知道，我和你老是意见不合，彼此间留点距离会比较好。

母亲：屋子加盖以后，属于你们的私人空间大得很，而且我可以帮你们照顾小孩。

艾美：妈，我们已经仔细想过了，你住附近会比较妥当。

整个敏感的对话过程中，艾美始终保持正面与坦诚。她先是支持母亲基于健康考虑搬到附近，接着坦然面对彼此向来不合的事实。她没有讲一堆表面理由，那反而容易激起情绪性的争辩。最后当母亲还是不放弃时，她依然保持坚定。

与父母沟通的方式，取决于眼前的处境。某些条件或许有所帮助，就像以下这些例子。

◎ **当母亲拐弯抹角地说人家的女儿"多乖呀"，都会邀妈妈过去一起住。**"妈，我也希望能像苏菲的女儿那样，但你和我都很清楚，我不是那种个性。不照我意思或没有足够的私人空间，我很容易就会乱发脾气。我们两人无法相处太久，分开住对彼此都好。"

◎ **夫妻俩刚面临空巢期。**"妈，你也晓得，本和我好不容易才把孩子们都送进大学，现在我们很珍惜重新属于二人世界的生活。不过，我们很欢迎你来当邻居。"

◎ **子女单身或单亲。**"妈，你知道我们两人相处时间一长，就会开始吵架。我希望我们在一起的时光都很开心，我保有自己的空间，你又住得够近，这样最棒了。"

◎ **家有青少年。**"妈，你很明白这年纪的孩子有多难搞。如果我们全住在一起，碰到问题时会很难处理的。"

◎ **老父亲觉得他来付点租金，可以分担你们的经济压力。**"爸，我们相处和谐才更重要。最好的方式就是分开住，又住得够近。你也知道我们离家后，彼此的关系变得更好了。欢迎你来当邻居。"

不管上述例子有没有与你类似的处境，记得要明确守住底线，并且体谅父母的感受。

◇ 父母想搬来同住，子女要根据自己的状况，量身打造适合的沟通方式。

降低对自我中心父母的期待

别以为只有自恋型的人才会自我中心。有的人十分谦和与依赖（与上述那些自负性格完全两样），却也非常自我。记得第1章案例2的罗丝吗？每当儿子打算出门度假，她就会生病。这种人对情感的需求极大，也只关心旁人是不是照顾他们。表面上，罗丝和本章案例12的格特截然不同，一个自卑，一个自大；实际上，两人都超级敏感，恐惧孤寂，害怕被拒绝或被遗弃。他们常有类似行为，就像下面这个例子。

[案例 13]

说要帮忙，却总是让人服侍的凯特

诺尔玛和吉姆这对夫妻，为了吉姆的母亲凯特前来找我们。几周前，诺尔玛生下第一个孩子，凯特说要来帮忙，夫妻俩很感激，却对是否该接受迟疑不决。凯特个性敏感，很难相处。夫妻谈起了3年前的那个经验。凯特前来共度感恩节，朋友邀他们一起吃晚餐，诺尔玛特地做了一个漂亮的南瓜派。到了友人家，诺尔玛进门时绊到脚，手中的派掉到地上，她赶紧弯腰抢救众人的饭后点心，情况实在很惨。

更惨的还在后头。当晚他们告别友人后一上车，凯特的脸随即耷拉了下来，双唇紧闭，过了半晌终于爆发："我这辈子没受过这种侮辱。你们居然没把我介绍给主人，简直把我当女佣嘛！"

掉派悲剧发生时，吉姆和诺尔玛只顾蹲地抢救，完全忘了什么礼仪。当然，用餐时宾主尽欢，主人更对首度上门的贵宾十分殷勤。但这对凯特显然还不够，她认为自己被忽视和怠慢，久久无法平息。诺尔玛说自己深觉心寒，"她一点都没想过，摔坏那个派可能让我多难过。"

尽管记忆犹新，但凯特如此坦诚，两人决定不计前嫌，欢迎她来。"她在午餐结束时抵达，穿着她最好的黑色外套，里面搭配一件很美的白衬衫。她看着我帮宝宝哺乳，坐在那里说：'我看你的奶水不大够呢，亲爱的。当年我的奶水好多，吉姆才两个月大，体重就增加了两倍。'"

"这些话不大中听，但我仍希望情况会好转。到了下午，凯特的外套仍没脱下，完全没有要帮忙准备晚餐的迹象。第二天早上，她又穿着那件外套下楼，等我做早餐给她吃。一个星期下来，我和吉姆已打算请个帮手，但不是照顾宝宝，而是服侍她。直到有天早上，我没做早餐给她，她呢，穿着那件黑色外套，只好自己动手。结果她当天立刻打道回府，到现在都不跟我们讲话，我想她真是觉得受伤了。"

凯特是一片好意。她不辞辛劳，横越800公里来看孙子，就是最好的证据。只是她现在没有能力帮忙，就像3年前她没办法原谅儿子和媳妇在感恩节那天的怠慢。她心里只有自己，这是她克服不安全感的唯一手段。从3年前的感恩节到现在，她完全没变，以后应该也不会。

我们给吉姆夫妻最重要的建议是，要理解凯特的弱点，降低自己的期待。凯特全副心思就只有自己，完全无暇顾及他人。假如你在凯特身上看到几许你母亲的影子，下次你就知道该如何接待她，像是：不要交付工作给她，不要期望她帮忙，要安排亲友来跟她做伴。这样，万一哪天她主动说要请你吃饭，你就会非常开心，但千万不要有所期待，这是秘诀。

我们很容易把这类自我中心的人看作是自私，但"自私"表示那人有自我控制的能力，凯特却是因为自己的需求大到无力去管他人。她将所有的情感能量都用来保护自己不受伤难过，以致没有剩余的可以给别人。要你别期待母亲有一天会变得慈爱，可能有点残酷；但你若接受现实，就比较能坦然面对她，不再一厢情愿地以为只要她有心就能改，或是以为你可以做什么来改变她。

父母渴望得到关注乃是出于恐惧

如以上几则案例所示，过度自我中心的人，老来容易变本加厉。曾精心打造的成功家庭和事业，曾拥有的积极角色与地位，现在已没有意义；曾给予他们关注的亲友，一一从他们的生活中消失——有的离开人世，有的搬离此地，还有的因为受够了而拒绝往来。曾以自我为中心的世界，因遭逢老化伴随的病痛、失落而分崩离析，加剧了他们潜藏的自卑。向来强硬的外表，又让他们缺乏应付这一切的弹性。

> ○ 如果你的父母向来很自我中心，那么以后应该也不会改变。如果父母不大会帮忙，就别请他们做这类事情。他们自己的需求太大，根本无法体会别人的需求。

本章之前描述的几位自恋型人格，就正在经历每个人终将面临的凋萎，他们因此饱受惊吓。玛吉的母亲无法忍受自己看起来苍老或拿手杖等泄露年龄的事物。失去了年轻的美貌，谁还会宠她、爱她？艾美的母亲被自己的心脏病吓坏了，那不仅意味着人不免一死，更让她恐慌自己的老弱会夺走亲人对她的关爱。她想搬去跟女儿同住，并非只因病弱需要照顾，更是出于怕女儿将她拒之门外的忧虑。因此，我们给艾美的建议，便是先从这层理解出发：了解她母亲是担心遭拒，因而深感恐惧。

◇ 父母可能以生病（身心症）作为对付内心冲突的方式。这些疾病确实存在，并非幻觉。要有耐心，老年精神科医师能够协助父母缓解情绪症状。父母可能会抗拒看精神科医师，在做此安排时，要妥善想好应对策略。

像这些母亲般以自我为中心的人，往往不自觉地以生病来应付焦虑，抵挡抑郁。就好像把这些不好的感觉硬生生挡开，将之附着到身体某个部位，如此一来，问题便不再是内在的情绪冲突，而是具体的身体不适。实际上，这些疾病反映了他们的自我冲突。就像有位饱受"宛如被大锤敲打似的头痛"的女士，诉说着即将搬家带给她的天翻地覆；就像一位患有肠胃疾病的先生，倾吐他满腹的失望与愤怒；就像一名有肺病的男士，埋怨他毫无责任感的哥哥如何让他抓狂。

如果医生的态度轻慢，他们会深感受伤。医生和你一样，常以为这种疾病是出于想象。其实不然，那些病痛真真切切，是面对压力的反射性回应，往往发生在离别之际，例如你准备去度假时。当然那不免使子女烦恼，甚至愤怒，认为父母总是只顾自己。如果你明白这是无意识的表现，他们正在对抗一辈子威胁他们的抑郁，自己也是身不由己，那么，你的怒火就会小很多。

抗抑郁药物可能会有帮助，若能去看老年精神科医师更好。你可能会想，说得容易，问题是要怎么说服父母去看精神科呢？一种方法是，告诉父母，这位医生是药物专家，可以开药疗愈他们所抱怨的失眠或任何毛病。另一种方法是，千万别提医生与精神科的关系，你就告诉父母，这位医生可以帮忙缓解他们常说的身体不适。

不必逃跑，也无须放弃

看到这类自我中心人格者面对老化，着实令人难过，更别说如果那是自己的父母。或许你在成长过程中深受父母期望之苦，你的表现有负期待使他们感到生气和绝望，而你就是无法满足他们，于是你对他们的极度敏感变得超级敏感，为的是顾及他们的自尊，同时也是为了保护自己。

下面是一些成年子女描述与这类父母相处时的感受，不管相处时间长短，这些都是身为自恋型父母的子女的心声。

- 每次探视或一通电话之后，我整个人几乎被掏空。
- 想保护我的隐私和空间。
- 对别人的需求更加敏感，却忽视自己的需求。
- 父母的行为让我无地自容。
- 一旦成为目光的焦点，总令我焦虑不已，因为父母从没让我有这种机会。
- 对自己的成就感到愧疚。
- 面对事实比面对情绪容易；无法确认自己的感受。

你甚至因受不了再拼命地满足他们，一有机会便马上离家。如今他们年老需要照顾，你只好回来。老问题依旧，而且更严重。他们需要得到的一切关注和期待，你得全部提供。你好像坐在旋转木马上，转啊转地努力讨他们欢心，说尽好话，做尽一切，直到你觉得好累好累，甚至精疲力竭。

不用说，让自己投身于满足父母对关爱无止境的要求，对你十分不好；逃开又不是办法，这对你和父母都不公平。两者当中，还有第三条路可走。与旁人讨论，就颇有帮助。把心事讲开，听听配偶、友人、咨询师怎么说。

◇ 你无须从自恋型父母的身边逃开，也无须满足父母永无止境的要求，可以另辟蹊径。

下面是一位女士对朋友的倾诉。

我想，在我妈眼中，只要我不照她的意思做，就是很糟的女儿。我得完全依她的要求，甚至跟她有同样的感觉，这样她才会开心，但她维持不了多久。不断讨她欢心，全是我的责任。我已经决定了，身为女儿，我会尽力照顾她，但我再也不要牺牲自己了。她不能像以前那么开心，我也爱莫能助。

感受到这位女儿的豁然开朗了吗？常年像个旋转木马般地辛苦之后，她终于能够厘清思绪，梳理情绪，也终于看清自己无法负责母亲的心情。

在另一个案例中，女儿抱怨母亲总是破坏全家人的聚会，不是打断众人谈话，就是默默坐在角落，不断设法引起别人对她的关心。而在苦笑忍耐或是不再邀请母亲这两种极端之间，女儿找出了折中之道。

下次聚会她将展示母亲的人生故事书，以母亲的各个精彩阶段来呈现整个家族的历史。她将跟家人们一对一分享珍贵回忆，如此一来，母亲获得充分的关注，也不扫大家的兴。事前准备也让母女俩很开心，好几个星期都有重要的事情可做。

还有一个例子。一位儿子受不了妈妈总要"顶尖人物"——顶尖律师、顶尖医生。若某位"顶尖医生"把她转介绍给同事，她就觉得深受侮辱。当儿子理解母亲的性格之后，他不再责怪她的这种企求，而是尽心帮她争取到顶尖的治疗。所以，你真的还有第三条路可走。

◇ 发挥创意，想出有建设性的方法，满足父母渴望关注的需求。

5

控制型父母

每天早上9点准时打电话给我。

控制型父母的行为特征

当你的父母：

· 利用罪恶感和阿谀谄媚等手法操纵他人

· 具有被动攻击的人格，以被动举止折磨人，例如不断拖延、拒绝沟通等

· 容易激起他人的无助或愤怒，实际上反映的是自己内心的情绪

· 生活方式不容挑战，无论是一般琐事（饮食、穿着）或重要的价值观（教养小孩）

· 若控制对象的反应不如预期，譬如没有随传随到，马上便怒不可遏

· 要求过分，造成反效果

"我妈是个控制狂。"这是我们最常听到客户讲的话之一。如果你的父母也有前面几章所描述的行为，你大概也会不时这样感叹。比如第1章依赖型母亲，以生病或敌对让孩子就范；第4章自恋型父母，穷尽一切手段让孩子不断呵护他们的自我形象。这些长辈其实身不由己，那些操控行为是出于潜意识，表示他们很怕被遗忘，害怕会落得孤单无助、无依无靠。他们大多在早年时遭遇过伤痛，或是无法正常脱离母亲，以致恐惧深植于心，随着他们逐渐长大而内化，终生无法消除。因此，他们不断设法避免被抛弃的悲剧重演，而做法之一就是把孩子牢牢绑在身边。若子女不遵照他们的意思，自行其是，无疑是打破了亲子联结，与他们脱离，这必会让他们感受到被抛弃的苦痛。无怪他们要竭力预防，成为控制狂。

◇ 明白下列这些事实，你将有能力改变现状：

· 无论父母的控制欲多让你抓狂，记住：他们比你更痛苦。

· 父母早年曾有的创伤，如今又被唤起。

· 借由支配他们所依赖的人，他们便能有效抵御创伤所唤起的抑郁。

有这种父母的子女会有各种反应，通常他们会选择最简单的远走高飞，机会一来就跳脱父母的轨道，直到父母年老不得不回来。此时，子女不仅要面对照顾之责，更得克服多年距离所累积的陌生与敌意。有的子女并没打算整个跑开，只想把距离拉远一点，却被父母悍然拒绝，因为他们只允许一切由自己掌控。请看接下来这则案例。

苏珊正处于中年，她之所以来寻求咨询，是由于母亲控制欲所引发的危机。以下是她的描述。

不顺己意便跟女儿断绝关系的控制型母亲

我妹妹贝齐上周从加州打电话给我，失控地喊道："我再也无法应付爸妈了，你得帮我。"

我大吃一惊。不是因为她说的内容，而是她终于开口了。要知道，我妹已经20年没跟我讲过一句话，同样地，我爸妈和我也20年没联络了。

我和斯坦刚结婚时，住在娘家附近，我妈随时会出现，完全不管我们是不是在忙。过了2年，我们搬到32公里外的小镇，她人是没那么常现身了，但却以电话取而代之。她要求我每天一早必须打电话给她。如果上午9点前她没接到电话，接下来就会没完没了。

我妈企图以各种手段绑住我，电话只是其一。我开始无法忍受，找咨询师求助，渐渐获得勇气，并准备松开这样不健康的母女情。

于是我告诉母亲我在看咨询师，我必须学着独立一点。当我提到我要减少一点联系，从每天通话变成每周3次时，她暴跳如雷。我永远记得她的回答，因为那是她最后一次跟我讲话："如果你要的是一周3次的妈妈，你得到的会是一周0次。"

她不仅跟我断绝联系，也不让我爸、我妹跟我往来。这就是为什么当我接到贝齐来电时，我会那么惊讶。

那次事件之后，我试着弥补，但都被我妈拒绝。不照她的意思走，一切就甭谈。这些年来，我许多的努力都打了水漂。比如母亲节的花篮被退；有一次我去加州，又写信又打电话想约我妹出来，我妹不肯；甚至有一回好不容易跟我爸单独讲上电话，他只说："你了解你妈的个性，最好别再打来了，否则她一发火，我也没好日子过。"

我父母几年前搬到佛罗里达州，健康情形逐渐恶化。我爸出现失智症征兆，我妈则有心脏问题。我记得直到几年前，我妈对我爸还是很差劲，但我爸总不当回事。他非常爱她，愿意为她做任何事，包括与我断绝关系。不管我妈对他多恶劣，他总是耸耸肩就算了。贝齐说，现在更糟，她再也无法承受了。她每天从加州打电话，隔空关心他们，但越来越感到焦虑无助，终至崩溃，于是打电话给我。她说，该换我接手了。当然，她也怪我这些年来与他们保持距离，也没出钱。

这么多年来被拒之门外，让我非常受伤。我的孩子、孙子都不认识他们的表兄弟姐妹和其他亲戚。贝齐跟我妈很像，她们的关系很亲，这几年似乎又更紧密了。我很气贝齐让局面演变成这样，但通过治疗，我开始明白，贝齐可能缺乏我这样的勇气，无法独立自主。

经过这许多年，现在我面临是否该回去的难题。我跟父母住得很远，虽不像之前他们在加州的时候，却仍是长距离。我该跳上飞机飞去佛罗里达州吗？我妈会愿意跟我说话吗？如果会，她会不会又像以前那样硬要跟我绑在一起？我该如何放下受伤被拒的情绪，让我至少能面对我父母？

成年子女不再被父母控制的方法

说着说着，苏珊哭得无法自已，多年痛苦形成了伤害，她觉得眼前的自己真是进退两难。此刻父母正需要她，如果她不扛起责任，她将永远无法原谅自己；但如果回家又被拒，岂不是在这多年的伤口上撒盐？

好在，多年前那位咨询师的支持，依然有所帮助。年轻时，每当苏珊想脱离母亲独立行事，罪恶感总会油然而生。通过那位咨询师，她才明白，人都需要依附与独立，痛苦归痛苦，她必须成为独立的个体，情绪才能成熟，婚姻才会幸福。

更重要的是，该咨询师向苏珊解释，她的父母绝非"坏人"；相反，恐怕他们也是自己缺陷的受害者。

多亏她早期的那位咨询师，苏珊得以过着比较自在的生活。也因此，这回在面临如何与家人重新联结的挣扎时，她愿意前来寻求帮助。我们讨论得越深入，她越清楚自己不能弃妹妹于不顾，一定要出手相助。

但这件事不能靠她单独行动，每个步骤都必须姐妹俩携手共进，以免母亲再像从前那样，制造她俩的对立。为此，咨询师安排了三人电话会谈。只要对基本原则达成共识，苏珊就立即行动，好让贝齐得以喘息。

◇ 别让控制型父母造成你与手足敌对的局面。可以的话，设法与其他近亲联手行动。

◇ 若情况很难面对，不妨从角色演练着手。

因多年来苏珊与家人都没有联系，所以先通过贝齐让母亲有心理准备。贝齐可通过电话或邮件，说明自己因爸爸的情况恶化而联系了姐姐，请她帮忙。接着苏珊即可接手，跟母亲讨论她飞去探视、安排帮手等计划。

贝齐依计划而行，母亲并没显露出抗拒的样子，但苏珊仍十分不安。怎么可能不揭开旧伤口？我们建议她不必主动提起过去20年的断绝关系，但她母亲可能会先发制人，于是我们安排了角色演练，让苏珊能从容地面对母亲的发难。几次练习后，她觉得可以上场了。以下便是她与母亲的对话。

苏珊：妈，好长一段时间了，我知道。

母亲：对，确实很久。你想怎样？（口气不善）

苏珊：贝齐说爸爸的情况不大好，也许我可以帮点忙。

母亲：贝齐受够我了，是吧！她需要找替身了，对吗？（透露出怕贝齐离去的恐惧）

苏珊：贝齐需要我的支援，我们两人都想帮你。我知道爸有点失智，你的心脏也不如以往，要面对这些并不容易，我们想跟你一起撑过去。

母亲：好吧，别告诉贝齐，这阵子她都没按时打电话来，我们这个家快散了。（挑拨离间，拿罪恶感当支配武器）

苏珊：我刚刚才跟她通了电话。你说得对，她是没能像往常那样周到，因为她太担心你和爸爸，整个人都快累瘫了。所以她需要我帮忙，我也需要她，好能一起照顾你和爸爸。这样好不好，我下礼拜打给你？（让母亲看到姐妹齐心协力，并未回应母亲有意挑起的愧疚感）

母亲：我会在这里。反正我哪儿也去不了。

过了一个星期，苏珊再次打电话给母亲。

苏珊：嗨，妈。

母亲：苏珊，我想不通，这么多年了，你怎么知道要打电话了？这中间我们也生过病，你都没打来，我早就死了这条心，忽然间……觉得是女儿切断联系，而不是自己。

苏珊：这么久以来，我们都受了很多苦，我想把一切抛开，跟你重新和好，你觉得可能吗？（去争谁是谁非，没有意义）

母亲：看看吧！

苏珊：爸还好吗？

母亲：他让我伤透脑筋了，什么都要插手，又到处藏东西。我叫他别再胡闹，他偏要惹我生气。再这样下去，我恐怕得把他送去养老院了。（把老公莫名其妙的举止，当作对自己的忤逆）

苏珊：我可以想象这有多让人烦心。下个月我可以休假，我飞去陪你几天，好不好？（此时会很想开导母亲说，爸爸不是故意的，但就像上面讲的，这么做没有太大意义）

母亲：看你自己吧！

重新回到这个家，是苏珊这辈子最艰辛的挑战。在整个磨人的过程中，她都坚守这个信念：我完全是个成人了，我可以选择主导，而不是被掌控。她不再因为母亲的控制性格而逃开，她知道母亲就是那样，如今她已懂得如何回应。实际上，她还能跟母亲一起做出对全家最好的安排。

苏珊开始建议母亲要放松。母亲承认她怀念桥牌社，也答应一周出去两次。苏珊成功安排一位当地的护理管理师来家里跟双亲会谈，协调母亲外出时需要的看护支援。介绍这位管理师时，苏珊谨慎地说，她不仅能帮忙解决整个家目前与未来所需，必要时还能随时电话联系。重点是让父母可以稍微依靠外力，如此，既能有效解决距离的问题，也能化解两个远在天边的女儿的种种焦虑。

让父母觉得自己依然有价值

苏珊的母亲用控制掩盖一种自卑情结，就像第1章那些依赖型母亲一样。下面可以看到，自恋型人格如何拿这项工具来持续烘托自我。说故事的是吉姆，他的母亲不久前住进养老院。

[案例15]

以控制别人来烘托自己的养老院女王

有天早上我接到养老院打来的电话说："你母亲来此3个月，跟她的室友史密斯太太一直处不来。现在，史密斯太太的女儿坚持要你母亲搬到别间去。"不仅如此，经理还告诉我，我妈让整个院方都很头痛。第二天，我就赶去了解状况。看起来，我妈和史密斯太太两人爱恨交加，既吵个不停，却又最挺对方，更会向院方争取对方的权益。问题似乎出在史密斯太太没有完全依照我妈的意思上。如果她都听我妈的，我妈就会挺她，甚至还曾为她打电话到院方董事会去。如果没全听她的，那就惨了。这次院方会打给我，是因为这两人晚上为了窗户该开多大而吵得不可开交，几乎要上演"全武行"。

我早就担心有这么一天。我妈一直当自己是天之骄子，我爸总是把她捧在手心里，到过世前都喊她皇后。我的妹妹们为了自保，也是凡事顺着她。家里就我敢顶撞她，所以最不讨她欢心。

现在我妈要我帮她摆平这件事。她说，既然史密斯太太住得这么难过，还去向女儿告状，那她就搬出去。所以，你瞧，现在她仍当自己是皇后，只不过现在是另一个国度，没人认得她的皇室血统。而我如果不能顺她的意解决这问题，就得准备再度失宠，被她打入冷宫了。

从这个案例可见，当父母住进养老院等地方时，其行为很可能会影响他们与当中住户、员工，乃至自己家人的关系。换言之，要采取任何修补措施，都要将院方一起纳入。

我们给这位儿子的建议如下，我们向他解释，他母亲当了一辈子皇后，现在不可能改变，想抗拒这个事实是自讨苦吃。我们提出几个步骤，让他与院方一同合作，建设性地处理这个问题。

也许，他可以先做一件具体的事情：为母亲制作"你的人生"海报，以故事照片彰显她的灿烂时期，张贴在母亲房门口或院方许可的醒目位置。这样，既可帮助众人了解她、欣赏她，也能提升她的自尊。

另一个有效方法是，询问院方能否让他母亲负责某项特殊任务，例如帮餐厅的每张桌子摆花，再让她挑选用餐位置作为回报，反正她总喜欢第一个进餐厅。虽然不可能时时满足她，但这类点子确实可持续安抚她争夺特殊感的控制欲。

这些都是提升他母亲自尊的有效方法，除此之外还有更多途径，譬如他可以请院方让母亲参加看护会议，让她感觉握有自我决定权，也就不会再动辄告到上层，或找儿子帮她对付院方。

挑剔背后的控制欲

充满控制欲的人什么都要管，无所谓重不重要。

某位女士抱怨她母亲简直在折磨她12岁的女儿，只因外孙女没依她的心意。外婆每次见到外孙女，总爱一把抓过来又亲又搂，但小女孩只想敬而远之。"她从不主动来亲我"，或"她冷淡得像冰块一样"，外婆常这样跟女儿抱怨。

即便子女已经长大成人，做父母的仍常想干涉他们的穿着。下面是一位母亲对她40岁女儿说的话："你就喜欢穿这么不搭的衣服吗？你希望自己是这副德行吗？如果是陌生人我才不管，我是爱你、关心你，才会这样跟你讲。"

另一位孤单住在养老院的女士，她的子女有空就会来看她或带她出去吃饭，其他亲戚则鲜少露面。5月的某个早晨，侄女南希决定前往探视。那天热到不行，南希身着凉爽的洋装，脚踩白色鞋子，还没来得及开口问安，姑妈就已经教训说，白鞋只能过了阵亡将士纪念日（5月的最后一个星期一）才能穿。南希这才记起，自己为什么很少来。

你也许会说，这些母亲的个性真是挑剔。没错，只不过这些挑剔背后，充满了她们硬要旁人照其规矩行事的控制欲。在我们看来微不足道的小事，为何对她们那么重要？可能有以下原因。

对后两则例子的两位女士而言，亲人的穿着代表的是对她们的不敬。控制型人格自认其观念便是真理，所以她们坚持自己有理。女儿那样穿搭，她不觉得是品位的象征，而认为是对母亲的一种抗拒。

控制型人格也可能出于别种原因。有些人缺乏自信，完全不敢违背传统，担心若不照常规行事，便会遭到批评。这样的人多自觉低下，对自己的看法亦缺乏信心。唯有旁人同意他们，照他们的意思行事，他们才觉得受到认可，是"正确"的，不再感到孤单落寞。反之，若旁人自行其是，他们便感到受伤遭拒。他们从小学到的是——与众不同很糟糕。

不用说，如果你完全遵照父母的意见，无疑就牺牲了自己的选择和喜好，实际上也就丧失了你作为独立个体的特性。干涉衣着这类小事，其实兹事体大，因为那关乎独立与自尊。接下来就是这样的问题：你要如何既捍卫自我，又能与父母相安无事？

回应控制狂的四个妙招

对付控制狂，幽默感是一招。看看这个例子。

> 母亲：你弄的这些薯条和这么漂亮的盘子完全不搭。
>
> 女儿：喔，你说得对。那你觉得我该把薯条装饰得漂亮点，还是用丑一点的盘子来装呢？

小心别弄巧成拙。应留意对方是否觉得事态严重，开不开得玩笑，或者会不会觉得你是在耻笑她。

另一种办法是认真回应，但却有四两拨千斤的效果。看看下例。

> 母亲：你不该穿白鞋，阵亡将士纪念日又还没过。
>
> 女儿：妈，你说得对。你怎么会有我这种不守规矩的女儿呀？

你要是对父母的控制有所反应（像是投降或发火），就等于把控制你的权利交给了他们。在上述两个例子中，女儿们轻轻地拨开父母的攻势，保住自己的主张。这方法在很多情况下都能发挥作用。

假如上面两招都不适用于你的父母，直说倒也无妨，但语气要温和，并且再三抚慰。看看下面这个儿子如何化解局面，既能坚守自己的独立性，又始终维护母亲的尊严。

母亲：亲爱的，我知道你老婆喜欢你这种发型，但我觉得这样让你看起来很老。（跟媳妇抢影响力）

儿子：妈，我知道你希望我弄成你喜欢的样子，我也不想让你不开心，但我喜欢这种发型，好吗？

母亲：（耸耸肩，仿佛在说：我哪有资格讲话？）

儿子：妈，你的看法对我很重要，但我喜欢这个发型，那跟我对你的感情一点关系也没有。

另一种办法是亲子一起想出某个"提醒词"，提醒彼此，局面快失控了。但愿此话一出，彼此能会心一笑，或至少不要旧戏重演。下面这些话语，是某些子女和父母合作的成功案例。

你是你，我是我。

又开始了。我们换个话题吧！

我们各有各的特色。

人各有所好呀！

◇停止战火。有时，直截了当是最好的办法，但记住要温和，耐心劝慰。

有些父母会受不了这些话，觉得那过于凸显了子女与他们之间的脱离；但对其他人来说，这些词语能让他们及时刹车，避免彼此伤害。

在努力捍卫立场时，也要体谅并尊重父母的立场，这是最最重要的。不管你怎么做，也许仍无法让父母接受你的不同，这时，顺其自然，别让自己也变成一个控制狂。

操控是掩饰内心不安的障眼法

控制有许多形式。苏珊的母亲是强烈的控制狂，吉姆的妈妈也是。这类母亲各以自己的方式控制人。有些人的控制比较含蓄，被子女视为操纵。试图收买控制权，是极为常见的一种。我们常听客户说，父母请他们吃饭、买贵重礼物相赠，继而要求回报，这样的方式让他们感觉被操弄，令人相当气恼。父母如此行径，会让子女认为若非要他们帮忙，父母其实并没有把他们放在心里。

◇ 子女不要不小心也变成了控制狂，硬要父母听你的。

还有其他类型的父母也会让他人有此感受，像是案例15的养老院女王硬要室友听她的，导致室友深觉自己受到操控。利用愧疚感和阿谀奉承，也是相当常见的伎俩。还有一种父母总是被动地驱使别人受其指使，我们称之为"被动攻击型"。在子女看来，这些全都是蓄意操纵。事实上，父母的不安全感使其根本不知自己的行为有操纵之嫌。面对指控，父母不仅不承认，还深觉受辱："当妈妈的关心自己的孩子，不是天经地义的事吗？""我只是想帮忙而已"。

子女再怎么坚信父母善于操纵，一旦理解其背后自我保护的心态，也会大有转机。

有位客户说，每次采购日常用品前，他都会打电话给母亲，看她是否需要什么，答案千篇一律："我这里什么都没了，你过来帮我列个清单。"有时妈妈会主动打来，细声地说："是我啦，妈不想麻烦你，但我的东西又用完了。"这些话表面听来毫无杀伤力，但儿子心知肚明，母亲完全有能力自己列清单，她这么做，只是想用这种无助的模样博他关心。这是有意操纵，令他十分气恼。我们向他说明，母亲并不自知有操纵之意，纯粹是空虚和害怕，只盼从他这里得到一些安慰而已。明白这一点之后，儿子放下心中大石，终于说服母亲自己列清单。"我每周都会帮你采购，"他告诉妈妈，"当中呢，我们还可以安排商家帮你配送。"（儿子全新的态度让母亲深感慰藉，儿子也不再觉得自己被牵着鼻子走。）

用乞怜摆布子女

上例的儿子算是很轻松地解决了母亲的控制欲，然而情况并非总是如此简单，尤其碰到爱装可怜的父母。请见下面这个例子。

[案例16]

自怜自艾的母亲

"我没事，不用帮我找什么保姆。你们好好地去享受吧，不用陪我啦。"

这是马克的母亲在感恩节前一天讲的话。

马克夫妻的好友邀他们过去共享感恩节大餐，马克的妈妈也在受邀之列，但她其实一直盼着住在外州的女儿邀她去过节。如今这份期待落空了，让她觉得自己不被爱而伤心不已，躲在房间里不愿出来。

夫妻俩眼看无法说服母亲一道外出，便说要找保姆来跟她做伴，于是有了上面那段自怜自艾。

假期一结束，无计可施的马克就来找我们。他气得身体都出了毛病。母亲搬来跟他与玛丽同住已经2年。最小的孩子出去念大学，夫妻俩正开始享受空巢之乐，母亲就来了，然后用她的害怕孤单牵制两人的行动。不用说，除了儿子和儿媳妇，她不让任何人陪伴。

我们都知道，假期很折磨人。热切期盼亲人的邀请，一旦期待落空，强自振作并不容易，倘若父母又格外敏感，那就更是难上加难了。马克母亲的难受，表现为被动和退缩，这让马克夫妻感觉受到摆布，气愤难平。只是她根本不清楚自己竟掀起了这场家庭风暴。在母亲和自己的家庭之间，马克觉得自己被拉扯到了极点。

成年子女应重拾对自己人生的掌控权

马克夫妻意识到，请母亲来同住，对大家都没好处。眼前有两个选择：与母亲清楚地约法三章，卸下彼此重担；或者，共同面对现实，承认无法同住在一个屋檐下，帮母亲在附近找养老院。无论选哪一条路，伤害都在所难免。马克想尝试第一条路，我们建议他这样沟通。

> "妈，感恩节前后家里紧张的气氛，让我仔细思考了一番。我知道你不希望我们留你一人在家，但你既不想跟我们出去，又不要别人来家里陪你。玛丽和我难免有时晚上会有活动，必须留你在家，所以我想跟你约法三章，以后遇到这种情况，就让邻居或保姆来陪你，可以吗？"

当然，故态复萌在所难免。这时，儿子要端出之前的约定作为提醒。故态复萌的也可能是儿子，所以他自己要加强心理建设，或寻求咨询师的帮助。

对这个儿子或任何子女来说，如果能够理解下面这点，就会觉得释然不少：父母通过愧疚感、被动攻击、收买所发动的控制，乃是源自恐惧——恐惧自己受到排斥或自觉毫无价值。他们并非刻意如此，而是下意识的生存之道，他们确实就像是被折磨的无助小孩。上述这位儿子，若能接受母亲的做法纯粹只是心理状态的呈现，反应就不会如此强烈。

他不需因为自己出门享用佳节大餐，却把母亲留在家里而自责不已，他可以告诉自己："妈妈是身不由己，我没办法改变她，但我可以改变自己，不让自己再受她控制、觉得被她操纵。我不必责怪自己让她失望。我就依原定计划出门，随时再打电话回家就好。"

简单地说，成年子女无须让自己被牵着鼻子走，大可将情势放在自己的掌控范围中，过好自己的人生。

◇ 受到控制还是在自己的掌控之中，你可以有所选择。
◇ 跟父母保证你会在他们身旁，前提是在你能够接受的情况下。

让自己脱离受害者的角色

从我们的经验看来，控制行为恐怕是所有难缠行径中，最让成年子女头大的一种。控制者（尤其是外表柔弱的）极为擅长隐藏自己真正的动机。实际上，如前面所说，他们根本不知道自己对旁人造成了何种影响。那些拐弯抹角往往令旁人愤怒不已，以致涌起如这位女儿所形容的感受："我妈是旅游中介，专门安排罪恶感之旅。"

下面是一些客户描述的这类父母带给他们的感觉。

· 罪恶感

· 被牢牢绑住

· "别管我，没关系的"这种矛盾讯息，或是"我这么做都是为了你好"这种关爱的话，实在令人困惑不已

· 动弹不得

· 沮丧

· 不愿分享私人想法

· 想作对

· 无力感

当你深受这些情绪困扰时，可能就该寻求专家协助。你可以参加以看护者为主的支持团体，或与社工师、心理医生、精神科医师进行一对一咨询。咨询师将引导你探讨成长过程中，你在家里的角色，以及你与父母手足的关系；带你看清哪些是你的雷区，而你父母是如何踩下去的。最重要的是，咨询师能帮助你了解父母本身的问题，让你可以客观地看待自己与父母的互动。

在我们的经验里，人们深入了解自己与家人之后会发现，自己跟朋友、同事、上司也有类似的行为模式。换言之，你从咨询中获得的内省，可以带到亲子领域以外，而从中学会的技巧也能应用到工作场合中。

父母住得远或近，并没有什么差别。有控制欲的父母，住得再远照样能控制子女，带给远方子女的压力丝毫不逊于住在附近的子女。不过我们发现，当父母住得很远时，雇请当地的护理管理师，对亲子双方颇有裨益。这位看护者能分担不少父母派你做的事，对父母来说，就近有人照顾，也让他们安心不少。

这一点太重要了，我们不得不再三强调：父母的掌控和操纵再怎么让你痛苦，也比不上他们的痛苦更让人难受。这类行为是出于严重的不安全感与自卑心，他们终生都在此阴影中挣扎。

他们期盼获得关注，却又不认为自己有资格，于是下意识便以控

制手法强迫子女，并且自怜自艾。作为子女的你，以及存在其轨道中的其他人，是他们的救星，使得他们紧紧攀附，不能松手。不用继续当受害者，你可以掌握自己的反应，改变与父母之间的互动。现在开始，绝对来得及。

若父母有自省能力，不妨试着跟他们讲理

除了改变自己的反应模式，还能做更多吗？能不能期待父母放手？答案是有可能，只不过局限于特殊状况。

举例来说，如果你的父母很爱指挥人，但与前面提过的控制狂有别，也就是他们有时肯稍作退让，听听道理，那你就先跟他们讲理。这么做，反正你没有损失，不是吗？如果行不通，没关系，下回再试。

◇ 你可以试着跟控制型父母讲道理，如果这么做曾经有效。

面对什么都要干涉的父母，成年子女要表现得不卑不亢，着实不易。请看一位女儿在父亲插手她管教小孩时，如何回应。

> 女儿：爸，你叫我在苏西不乖时打她屁股，那时你比她还让我生气。我希望你别教我该怎么做。我知道要怎么教小孩。如果我需要你的意见，我会主动向你请教。
> 父亲：我不是教你怎么做，那只是个建议。
> 女儿：可是听起来不是这样。

当时的对话便就此打住。但这位父亲回去思量了几天后，主动打电话给女儿。

父亲：亲爱的，我想我确实多嘴了。你知道，我觉得你是很棒的妈妈，我只是想把自己的经验告诉你。你也知道，我一向不太会讲话，你妈老说我太自以为是，我也因此吃了很多亏。

女儿：爸，我知道。

父亲：现在起，你不问，我就不说。但我很希望你能问，因为有时候我觉得我有你需要的答案，我很想让你知道。我会努力不干涉的。

女儿：爸，这样太好了。搞不好我真的会向你请教。不过，说到给人意见，这方面你还真不在行啊！

父亲：（大笑）

瞧这个女儿，她能同时对父亲既坦率又尊重。她没有针对父亲所言做回应，例如："爸，你在干涉我的事。拜托别管我。"她把焦点放在自己的反应上："你比她还让我生气。"这是一招很有效的沟通技巧："我"怎样，而非"你"怎样。如此，她让爸爸了解，她对他的企图控制有何感受。

这个技巧用在对的人身上，确实非常有效。但首先，你必须确定你的控制型父母有自省能力，可接受批评，否则千万别用。

有机会让讲理派上用场的另一个情况是，父母是在老年后，因某种变故才出现控制行为。这就像我们之前讲过的。而且，讲理不仅可行，甚至有机会消除这种控制行为。下面就是一例，其中，步入老年的先生面对失智恶化的老伴，企图加以控制。

◇ 当父母是老年后才出现控制行为，讲理可能有用。这种支配行为有机会可以消除。

老先生的儿子跟我们这样描述父母的情形：当他母亲的失智症状严重到不能单独在家时，他父亲，一位70多岁、备受敬重的联邦法官，决定办理退休，回家亲自照顾老伴。医生充分解释了这种病的本质，以及记忆流失会衍生的各种行为问题。但当妻子不断重复同样的问句，把书报，甚至他的助听器藏起来，并且无法自己着装脱衣时，老先生一直尝试跟她讲理。老伴没有回应，他不肯放弃；她没照做，他便对她大吼。面对老爸逐日失去耐性，儿子最终忧虑到不行。

我们告诉这个儿子，首先我们得亲自走访，以便了解他父母间的真实互动。他同意此做法，于是当晚便去找他父亲。"爸，"他说，"我看得出妈的情况不断恶化，你承受了很大的压力。我已经联系了一位老年方面的咨询师，请她来看看妈，以便给我们一些建议。她明天下午2点会到。"依照我们的建议，他讲这些话的口气十分平常，以免父亲有所疑虑，他不愿外人插手家中隐私。

了解状况后，咨询师向这位父亲解释道，日照中心（以"老年康复治疗"为宗旨的机构）对他的老伴很有帮助，并提供了附近几家优质机构给他参考。虽然妻子有他细心照顾，但一周若能去日照中心几天，她也可以获得许多激励。咨询师也建议，这些中心都有互助团体，老先生不妨试试，或从其他类似处境的伙伴身上得到实用建议。咨询师刻意不提一点：卸下百分之百的看护责任，老先生也能轻松许多。因为这样一讲，或许会让他自责没做好照顾妻子的工作，因而更坚持现况，并加强控制。

为何过去从未有此性格的人，会在此时变得充满控制欲？可能的原因有几种，其一：他对人生如此失控、自己却无力扭转，可能深感沮丧。尽管他不愿意承认，内心深处却可能厌恨退休时光居然变成这样。我们也不能忘记，这是一位终生写满成功经历的律师及法官，他事事得心应手，怎么可能照顾不好老伴？也许无法让妻子好转是他无法面对的事实，他只好强迫她听从自己。

尽管这位法官紧握操纵的缰绳，但若是用对方法，便可以说服他接受比目前更好的尝试。如果你也面临类似情形，就可以松口气了：只要妥善进行，绝对能说服父母松开缰绳的。

6

自毁型父母

我爱吃多少就吃多少。

自毁型父母的行为特征

当你的父母：

- 曾有酒精、毒品或药物成瘾等问题
- 曾有饮食失调问题，例如饮食无度或拒绝进食
- 曾有某些强迫性举止，像是赌博、拉扯头发、不停清洗等
- 不断发生意外
- 自讨苦吃，例如不遵守饮食限制或不肯服药
- 曾有自杀倾向，或威胁有此打算

父母的过度依赖、时时泼人冷水、自我中心等，再怎么令成年子女头疼，也不比上述自毁型行为更令人担心，尤其当他们有自杀倾向时，那绝对是最难处理的。我们观察到，起于年少时期的自毁行为，往往会终生相随，而自杀一念在老年时更值得关切。

什么情况会导致一个自毁的人走上自杀一途？简单地说，就是抑郁。造成抑郁的原因有很多，前面几章谈过，许多人会以各种麻烦行为来掩盖抑郁，现在则要再加上自毁，比如酗酒、嗑药。但这些防御机制不一定管用，有时抑郁依然会破茧而出。若次数频繁到令人不堪承受，此人可能会想结束自己的生命。

下面是我们见过很典型的自毁型老者。

［案例17］

纵情吃喝和烟酒的安娜贝尔

3个月前，安娜贝尔住进城里一家不错的养老院。她完全无意适应这个新环境：拒绝任何社交；坚持在房间里用餐，从未踏进过那美丽的餐厅；院方安排的所有活动，全都拒绝参加。她从早到晚只守着电视，烟不离手，大吃特吃垃圾食品。

安娜贝尔的女儿琼惊觉不对劲，前来求助。她所描述的母亲的人生，正是一段终生自毁的情节。

安娜贝尔的父亲酗酒，并且虐待妻儿。她的首任丈夫，即琼的爸爸，同样也会酗酒，一喝醉就对她拳打脚踢，紧接着便消失好几个月。安娜贝尔忍无可忍离了婚，在母亲的帮忙下出去工作，养活自己和女儿。就在这最痛苦的阶段，她开始借酒消愁。

几年后她嫁给杰克。杰克也有酒瘾，两人决心戒酒，携手参加戒酒无名会，因此展开新的人生，热切期盼美好的退休生涯。不料杰克忽然死于心脏病，安娜贝尔便搬去女儿那里。但她无力适应新生活。杰克曾是她全部的依靠，如今她整个人倒向琼。她切断一切社交，只跟女儿相伴。她也再度出现瘾头，但不是酒精，而是换成了香烟和零食。几乎是一眨眼间，琼发现母亲暴肥到114公斤。琼想尽一切办法帮助母亲摆脱现状。她想心理医生应该能开些有用的药物，但母亲一口回绝："我爱吃多少就吃多少，我也绝不去看心理医生。他又不能让我老公复活。"于是，琼安排妈妈住进养老院，希望能诱使她打开社交圈，开始运动，不再只是狂抽烟、狂吃零食。等琼惊觉问题已非换个环境所能解决时，便立刻来寻求专业协助。

◇酗酒这类行为可能是抑郁的面具。

通过写信，帮助父母获得重新振作的技巧

安娜贝尔曾长期受虐，在成年初期出现自毁行为。我们向琼指出一点：她母亲曾有足够的毅力戒除酒瘾，因此一定有机会再次挥别香烟和零食。对这位母亲而言，香烟和零食是她压抑丧偶之痛的办法，正如早年她曾借酒度日一样，那是她面对残酷世界的生存之道。

来此之前，琼尝试了许多方法。她试着规劝母亲，几乎说破了嘴；

试过养老院；跟妹妹一起当面警告妈妈不能再这样伤害自己，结果她对姐妹俩大发脾气；两姐妹一再提出要出钱送她去做心理治疗，又是火上浇油。"我还能做什么？"琼问。

我们提出一个有时效果还不错的方法：写信。信能让你的论点慢慢渗入对方的内心，不像当面对话，可能会引起瞬间的不快。这个案例更值得一试，因为琼记得，过去某些时期，母女俩也经常有书信往来。如果她和妹妹都写，那么妈妈就有两个重要讯息值得在安静的时刻反复阅读。两姐妹于是苦思如何下笔，又一起来找我们，以确定语气不会造成反弹。每句话都要出自真心，这是最重要的。下面是琼信里最为关键之处。

第一段告诉安娜贝尔，她对女儿的意义。琼用充满"情感"的字句，细细描述母亲曾为她做过的点点滴滴。

> 妈，我想告诉你一些我从没说过的话。我记得小时候，当我需要时，你总是在我身边，就算爸离开后也没有改变。记得那次我做盲肠手术吗？在我12岁那年。当时你毫不犹豫，马上请假两周照顾我。我记得你炖了一大锅鸡汤，每次我醒来就闻到那股香味。妈，在你身边，我觉得好温暖、好安全。高中那一天的情景，也历历在目：我上完一堂西班牙文出来，约翰在走廊里跟我提分手。一进家门，看到我那副失魂落魄的模样，你立刻跟你朋友挂了电话，跑来坐在我旁边。我们谈了两个钟头。你甚至把你中学时期几次分手的经历都跟我分享。你让我觉得你好爱好爱我，我永远都不会忘记那一幕。

中间部分，琼谈及母亲目前的状态对自己的影响。

> 上个星期去院里跟你一起庆祝圣诞节，发现你仍躺在床上，

我特别震惊。接着，我看到你朋友寄来的礼物散落在整张床上，而你吃掉了很多糖果。这让我十分难过。几年前你和杰克参加戒酒无名会时，我多么以你为傲，你是那么坚强地把酒戒掉。

第三段描述她期待未来与母亲的关系。为求有效，琼具体地陈述她对母亲的盼望。

我希望再次以你为傲，我想再次拥有我坚强的母亲。我需要你的指点，让我知道怎么对付那麻烦的3岁泰勒；我希望重新开始我们每周六的午餐约会，让我分享泰勒的一切以及其他事物，让我向你吹嘘我在工作上的表现，让你再次以我为荣。妈，我盼望我们都能再度以对方为荣，我盼望你回到我的人生当中。

最后，琼恳请母亲寻求专业支持。

妈，我知道杰克的离去，让你非常难过，但我也知道，你有足够的韧性坚强地度过这段时间，只要你下定决心。我希望我够重要，让你决定为我和你的外孙重新振作起来。我知道这很难，事实上，那困难使你无法单靠自己。所以，我找到一位可靠的咨询师，帮助你突破障碍。这是她的姓名与电话号码，我希望你愿意跟她会面。如果你愿意开始，要不要我陪你去第一次？

琼的妹妹也依相同原则写下一封信，末了同样请求母亲联系那位咨询师，并再度附上其姓名及联络电话。

写信可能颇为有效。安娜贝尔深受感动，同意接受专业协助。这招解救了她，也帮助许多人摆脱了困境。但有些情况则需要专家更进一步介入，而且事前不应让父母知道。

寻求专家的介入

理查德为了酗酒的母亲而来。他的开场白是，他不记得自幼以来，有什么时候妈妈没喝酒。每天一早上班前，她就先喝上两杯波本威士忌。他从不带同学回家玩，只怕妈妈提前下班，已在沙发上烂醉如泥。有趣的是，理查德一直以为自己的家庭很正常，就像许多酗酒者的孩子一样。他父亲的反应也很常见，对这问题从未正视。每当理查德表示妈妈的饮酒状况令人担心时，爸爸总说儿子小题大做。

母亲已经78岁。两周前，她醉后暴怒，不断抱怨："没有一个人关心我。你们都只想着我的存折。"她排便时弄脏了自己，丈夫无怨无悔地帮她清洗干净送上床。"她这一生不该这样终了，"理查德说，"我们一定有什么能为她做的。"

理查德的母亲并非唯一有状况的。实际上，这是整个家庭的问题。妈妈酗酒，孩子都受到困扰了，爸爸仍视而不见。眼前不同的是，年迈的母亲再也无法承受往昔所能承担的酒量，连丈夫都开始害怕她将因此断送生命。一定要采取行动才行。

此时需要正式的介入干预。这时由戒瘾专家所传授的技巧，可按部就班地帮助那些已陷入医护危机却不肯接受帮忙的人。理查德的母亲即为一例。过去，很多父母或因跌倒、或因烧伤自己、或因过度服药，以致生活无法自理，却仍拒绝做任何改变。针对类似棘手的问题，专家介入更易顺利解决。

首先，介入者与理查德母亲生命中的重要亲人会面，包括理查德、他的手足及配偶、理查德的父亲。有人担忧——特别是理查德的父亲——这个干预会让事情变得更糟。介入者解释，如果不打破丈夫在整个婚姻中对太太所谓的"保护模式"，后果将不堪设想。得到共识后，介入者将所有人连成统一战线，共拟最佳方案。

整个介入过程涵盖多次这样的聚会。介入聚焦于这位母亲的生命故事，让大家对她产生理解与同情。家人逐渐明白，她年幼时曾被严重虐待，且可能受到哥哥性侵害（虽然她从未承认此事），以致始终未能建立正面的自我形象——除了在职场上是一名法界秘书之外。童年伤痛在她心底烙下了深刻的抑郁阴影，使她企图借助酒精来化解。

介入者要每个人写一段话给这位母亲，就像之前琼写给安娜贝尔的一样，分为三部分：开头，先强调她对书写者的意义；中间，她目前的行为对书写者产生何种影响；结尾，书写者盼望能跟她拥有的关系。

到了介入当天，每个人都做好充分准备。你可以想象，当这名母亲被这些衷心想帮助她的亲爱家人环绕时，那冲击是何等强烈。等所有人念完内心话的那一刻，介入者要求这位母亲入院接受戒酒治疗。她答应了。但万一她依旧不肯呢？

介入者深知那不无可能，也做好了准备：与会者都要写好另一套台词，清楚声明，如果母亲依然故我，拒绝治疗，那么他/她将采取什么行动。可能如以下所示：

> 我非常爱你，但也逐渐意识到，也许我的一些做法让你更难戒除酒瘾。我爱你，所以我不能继续这样下去。如果你不接受帮助，而我发现你仍继续喝酒，那么我就再也不跟你说话，不见面，也不通电话。

◇ 当父母的状况危急，却仍不愿采取行动以改善自身的健康和安全，且子女若已试尽一切方法都没用，不妨考虑寻求正式的介入。

能否成功，介入者的挑选至为关键。此人最好是有介入经验的合格咨询师，更重要的是能让你觉得安心可靠，因为你要把这么重要的家庭危机托付给他。介入者可能来自不同背景：比如从事社会工作、酒精和药物咨询、临床心理学等。

足以摧毁老年人生命的慢性自杀

前述故事中，主角们都深受抑郁纠缠，试图以各种自毁行径作为克服之道。当年纪渐增，老方法不再有效时，他们便可能选择自杀，如同下面这个案例的情节。

[案例18]

被抑郁吞噬了老年生命的塞尔玛

塞尔玛8岁丧父，母亲外出工作养家，她得负责照顾两个弟弟。这段经历留给塞尔玛的，除了恐惧和无助，就是对母亲与弟弟的厌恨。塞尔玛相当聪慧，长大后成为一位精明能干的商场女强人。她很年轻便踏入婚姻，对方学历不高，塞尔玛始终把他踩在脚下，冷嘲热讽，但先生丝毫不以为意，总是处心积虑地讨她欢心。尽管塞尔玛时时不忘强调彼此智力的差距，两人的婚姻却仍算稳定。

等到80出头，先生出现失智现象，孩子建议两人住进养老院。先生在那儿怡然自得，但已退化到不能再带她逛街，不能买礼物给她，不能当她的专属司机，也不能带她上高级餐厅。所有这些"不能"，再加上他越来越像个孩子般的依赖，终于打破了以往脆弱的平衡。塞尔玛对先生的嫌弃与日俱增，先生却无法再用呵护与宠爱来弥补。儿子留意到母亲的转变，带她看了精神科医师，也拿了抗抑郁药物，但塞尔玛拒绝服药，不时嚷嚷着不想活："把这个没用的家伙带走，不然就带我走。"

事态严重到她被安置进精神科医院。在适宜的环境中，她先是进行药物治疗，接着进展到愿意接受心理治疗，然后顺利出院。她当然否认是医院帮了她，但如今她确实恢复了笑容，能吃能睡，也更能包容先生。

但那只是昙花一现。8个月后，面对先生失智日趋恶化的形势，她拒绝服药，开始断食，抑郁终于赢得慢性自杀的果实。

这则故事呈现出自毁的最糟结果。塞尔玛强撑一生，精心维系一种介于满意工作与痛苦家庭间的脆弱平衡；她嫌弃自己的先生，又以自己对他的依赖作为平衡。如今她老得无法工作，失智症则让先生无法继续像往昔般为她做奉献。年老的塞尔玛，深有孤单和被抛弃的感觉。

塞尔玛与先生所面临的情况，在抑郁者身上屡见不鲜。一旦脆弱的平衡崩解，他们完全不知如何面对再一次被抛弃的困境。自毁大获全胜，如同它对塞尔玛所做的一般。

善用医疗资源，陪伴父母击退抑郁心魔

"抑郁"似已成为我们的常用词汇。在本书中，我们关注塞尔玛这一类人，早年遭遗弃的伤痛影响了他们一生，使其饱尝抑郁之苦。成年子女固然看到父母抑郁的症候，却不一定能够了解背后的成因。子女唯一能确定的是，父母不仅自己痛苦，也让身旁所有人跟着受苦。

当抑郁严重到占据整个心神时，即成为所谓的抑郁症。任何人在

任何年纪都可能发生，不管过去如何。患者深陷于无望和悲伤之中，有时可能极度焦虑或退缩。他们可能丧失判断能力，无法清晰地思考或说理，饮食作息可能明显改变，也许还会失去方向感，忘东忘西。

抑郁症常伴随偏执出现——坚持某个信念，尽管事实不然。例如，患者可能一口咬定看护背着她为非作歹："我的钻戒不见了，一定是被安妮拿走的。"有时候，子女也成了犯罪嫌疑人。我们有位客户就是这样，他一直帮母亲处理财务，不料母亲忽然对他失去信任，开始要求检查所有账户，最终指控儿子做了手脚。这类情形屡见不鲜。而最常成为他们怀疑目标的，就是最受他们倚赖的人，如看护或子女。

若母亲指控你，先试着讲出真相，晓之以理。当指控不断，讲理无效，就是请专家帮忙的时候了。老人家若有感官退化，如视力、听力障碍，极容易会出现偏执，他们希望借此弥补感官弱化的缺口。他们也容易与周遭现实产生距离感，一碰到任何差错，立刻责怪旁人，以掩饰自己失去的掌控力。

多数时候，偏执有其现实基础，例如一个住在危险社区中的独居老人，对邻居充满戒心，若他开始想象众人在设计把他赶走，他就是出现了妄想。

父母因抑郁症而出现的症状，可能会导致子女和亲人错误的判断。这里就有一例，儿子阿诺德误将父亲的抑郁当作失智。当这名儿子前来求助时，他如此描述父亲。

[案例19]

因抑郁而失去生存意志的父亲

我爸去年心脏病发作，之后我们认为他恢复得很好，以为他会回归往日生活模式——他一直爱打高尔夫球，社交活动也多。然而这场病后，他似乎变了一个人，不再一早起来跑去挥杆，而是赖床赖到11点。球友们努力邀请他，却始终没有成功。不用说，我们兄弟都不愿意看到这种状况。更让我们担心的是他的健忘程度。现在比发病前糟很多：忘记吃药，开车时搞不清楚方向。最严重的是，他似乎失去了生存意志，我们头一回听他说他想死。这完全不是我认识的父亲。我想，他一定是得了失智症。

与前面的例子不同，这位老先生从未出现过自毁倾向，不曾过度饮酒或沉溺于任何事情。他的问题和状况都在老年时才出现。儿子深信这是失智症造成的，且势必会愈来愈严重。他来找我们，是想知道如何解决父亲日常看护问题。

听完他的叙述后，我们告诉他，他可能太快做出错误的结论了。我们建议他先带父亲去做详细的医疗及心理检查。医生的诊断是，他父亲是抑郁症，可能是由心脏病引起的。在开始服用抗抑郁药并配合心理治疗后，老人家的状况变得焕然一新，再度热切地拥抱生活。这位父亲因抑郁症而出现的症状，与阿尔茨海默病或其他失智症的症状雷同，这种情形很常见。

由于抑郁症很容易治疗，相关状况也不易再复发，这则故事得以圆满落幕。

但结局也可能并不都如此圆满。或许儿子当初的判断没错。上述这些症状——茫然、绝望、孤僻，有可能肇因于各种疾患，像是中风、阿尔茨海默病、糖尿病、脑瘤、帕金森氏症、狼疮、脑水肿、甲状腺功能低下、心脏衰竭，也可能是酒精或药物所致。我们并不打算列出

备忘录

致：琼斯医师

来自：阿诺德·泰勒

主旨：理查德·泰勒症状年表

心脏病发作后症状纪事年表：

1996年　6月12日　　心脏病发作住院治疗

　　　　6月19日　　出院

　　　　9月1日　　 明显康复

　　　　10—11月　　不费吹灰之力就重拾高尔夫运动和参加

　　　　　　　　　　老人社团活动；开始睡到十一二点

　　　　11月　　　 87岁的哥哥过世

　　　　12月　　　 我首次注意到父亲搞不清自己的服药状况

1997年　　2月　　 发现父亲开车购物时出现茫然和困惑的

　　　　　　　　　　状态

　　　　　2月　　　父亲首度提及不想活了

心脏病发以前：

　　父亲一辈子热爱朋友，未曾有过抑郁症病史，身体健康，体力充沛，积极运动，自己对此一直引以为傲。10年前母亲离世后，父亲加入老人中心，结交很多朋友。从未出现过茫然或沮丧的征兆。

所有可能，而是想强调：确实有不少症状可指向抑郁症，而抑郁症也可能是出于许多原因。因此，请不要自作聪明。唯有医师知道如何鉴别诊断，从各种可能性中排除错误，找出答案。

令人振奋的是，无论父母的身体是否有疾患，抑郁症痊愈的机会都是很大的。如你所见，父母出现的症状，可能反映出相当复杂的问题，必须靠医师诊断。

有些情况难以断定，医师也许会先开抗抑郁药物，看能否驱走抑郁和茫然。

◇ 阿尔茨海默病与抑郁症的某些症状很相似，所以务必请专家诊断。
◇ 抑郁症也许由某种身体疾患引起，需请父母的医生进行鉴别诊断。

你可以做的是，提供详细的背景信息，协助医师做出正确判断。有效的方法之一，就是清楚记载症状出现的年表。上例中的儿子，即可用上页所示的短笺，描述父亲的各种症候。

抑郁虽不一定会伴随自毁或其他难缠行为，但出现这类行为者确实常有抑郁的状况，因时好时坏，子女可能已习以为常。但若发现父母一段时间走不出低潮，就得提高警觉，采取行动，带父母去就医。如果他们不肯，可问问医师是否愿意到父母家出诊。平时不愿这么做的医师，在遇到危急情况时，通常都会应允。医生会推荐一位精神科医师（最好是专精老年医学者）。如果父母不愿意配合，医生或许会在与精神科医师商量后，直接开出抗抑郁处方。面临非常状况，也许你需要致电父母居住地的派出所或社会保障局。

最后，医师也许会建议父母住进精神科医院，或是特别为老年人设有戒瘾方案的一般医院——如果你父母有药物滥用的问题。要消除父母不肯去精神科医院的恐惧。一般而言，这类机构的人员高度专业，能提供适当的心理治疗。住院治疗能让父母脱离日常紧张的环境，住在安全有保护的地方。不管是否需要服药，那可能是唯一能帮助他们稳定下来的地方。

住院时间不长，通常在一至四周，由精神科医师领衔的专业团队负责看护。你当然要见见主治医师，并且最好他有治疗老年人的经验。与院里的社工师保持密切联系，此人将负责拟定出院计划。有你的参与，更可确保父母出院后获得适当的服务与支援，不再故态复萌。

精神科日间看护中心是出院后的一个选择。这类中心通常隶属于医院的精神医学部，由专家群提供有步骤的门诊治疗。一般而言，这样的过渡为期不长，却是相当有效的途径。

别独自承担，你也需要别人的帮忙

如果父母有自毁倾向，有了专家的协助会让你好过许多。你可以跟有经验的看护或社工师之类的专家，针对问题晤谈一次或多次，也可选择短期或长期心理治疗。

通过专家的协助，在面对父母的问题时，你将能够更释然。专家会让你了解父母自毁性格的缘由，并让你明白本章前面及本书开头调查报告所列的种种行为，其实是父母抵抗抑郁的表现方式。

本章意在说明，你有许多方法可帮助父母不受自毁倾向所伤，但有时你仍得通过专家才能相信：父母的抑郁并没有神奇魔杖能一挥即去。仅是有了这层理解，便可化解你肩头上的无限重担。

◇ 若父母有自毁倾向，或出院后需要确保状况稳定，可考虑去精神科日间看护中心。

7

恐惧型父母

我妈总怕我生病，只要我
流一点点鼻涕就帮我请假。

恐惧型父母的行为特征

当你的父母：

- 杞人忧天，一直担心个不停
- 容易恐慌
- 有许多莫名的恐惧，例如害怕人群、细菌等
- 有睡眠障碍
- 行为充满仪式感，也很迷信
- 有不切实际的期望，如不断换医生，认为总有一天能碰到神医
- 拒绝面对现实，如疾病征兆
- 一天到晚身体不适，而这也许是真的，也许是想象

恐惧是人性最基本的反应之一。我们每个人都曾有过上述的某些行为。哪个人不曾辗转难眠？谁不曾担忧自己是否出现媒体所描述的癌症症状？大多数人都能妥善处理恐惧，并在亲友和家人的关爱下，勇敢承担压力。然而，有些人却一生饱受焦虑所苦，连带也折磨了周遭亲人。可以理解的是，这些一直处于恐惧状态的人，步入老年后，情况只会更加严重。这一章就要来解读老年恐惧的原因，并为成年子女提供一些应对父母恐惧心理的建议。

我们都知道，晚年充满了数不清的危机：意外、疾患、犯罪。日渐衰退的视力与听力、不慎滑倒等，会对独立生活造成何等破坏，老人家不免为之担忧。人们愈来愈长寿，人脉网络也随着手足和朋友的过世而出现破洞，甚至子女也先他而去。有人很怕面对生活上的任何改变，更害怕搬去养老院，因为那对他们而言意味着独立生活的终结。

失智更使人无比恐惧。许多人存有一种不切实际的想法，以为失智是不可避免的，但那并非事实。多数人的记忆确实会逐步衰退，这是一定年龄所引起的正常现象，不致影响生活功能，与阿尔茨海默病等脑部病变所造成的失智截然不同。然而当出现记忆力减退的征兆时，人们还是经常会担心自己是否罹患阿尔茨海默病。

阿尔茨海默病只是疾患恐惧的对象之一。我们都知道有这样的老人家，一辈子健健康康，只在例行身体检查时去了一趟医院，却忽然发现心脏病、高血压、乳腺癌、前列腺癌？这下便不得不常去看医生，并开始大幅调整饮食，改变生活作息。任何病人，尤其是年长者，都难免担忧病情恶化，以致折磨加深。还有的人明明没病却总是害怕自己有病，极端者医学上称之为"疑病症"（hypochondria），即一心留意自己身体功能的细微变化，担心是否得了某种疾病。疑病症是老人家最普遍的精神问题，尤其是有问题人格者，常出现本书所谈的麻烦行为。接着就来看一位恐惧不安的老妇人，以及她不知如何是好的儿子。

家有终日惶惶不安的母亲

"我爸和我妈住在320公里外，他们处得并不好。我妈很难伺候，搞得我爸筋疲力尽。我很担心他们，却不知道该怎么办。"

我们太频繁从成年子女口中听到这些话了。处理年长父母问题的无力感，往往让子女几近绝望。照顾远方父母本来就不容易，若他们又总是杞人忧天，那就更棘手了。

这位儿子名叫埃里克，几乎每天都跟父母通电话，并且每个周末亲自开车去探望他们。就他记忆所及，母亲玛丽安一直不好相处，尤其是她超爱担忧。如今随着岁数越来越大，情况严重到他父亲已无法应付的程度。他们需要帮忙，而那绝非他在外地所能办到的。埃里克叙述了他母亲的人生。

[案例20]

成天疑心自己生病的玛丽安

你能想象有人被幼儿园踢出来吗？我就是。因为那年教室空间不够，我又缺课太多，老师相信其他小孩更能善用珍贵资源。我经常缺课，不是因为我比较容易生病，而是我妈总怕我生病，只要我流一点点鼻涕就帮我请假。明明没有要下雨或下雪的迹象，我却可能穿着厚重的羊毛外套和套鞋去学校，以致常成为大家嘲笑的对象。

长大一点后我发现，她真正担心的是她自己生病，而不光是我。三天两头，她为了各种想象出来的毛病跑诊所。我也发现，生病不是她唯一担心的事，她总是设法避开人多的地方。

我妈现年78岁，她把我爸绑得很紧，不许他出门太久，因为她害怕自己一个人。除了看医生，她根本不敢踏出家门。有段时间她的胃不好，医生说是乳糖不耐症，于是开药给她，但她不肯吃。她又怕这会变成结肠癌，一天到晚嚷着要做结肠镜检查。

在忙着预防结肠癌的同时，她还深信自己有脑瘤，又认为心脏有毛病。她不断换心脏科医生，只因找不到谁跟她意见相同。这简直就像她的一项嗜好。

如果这听起来很不寻常，那么再听听这个吧。她觉得自己中风了。为什么呢？因为她觉得自己的脸部不对称：一边眉毛较高，只半张脸有皱纹，一边脸颊凹陷。"我看上去就像毕加索。"她跟所有人这样抱怨。

如果不是她快把我爸逼疯了，我可以对这一切一笑置之。她一天到晚挑我爸的毛病。我爸大概15年前退休，一手揽下全部的采买和烹饪之责。随着年纪越来越大，他开始吃不消；即便在他情况不错时，这么多家事也已超过他所能负荷的程度。偏偏我妈又不断责备他不够关心她，不给他自由。

这个家已经快把我爸给压垮了。我想找到办法，既能帮我爸走下去，又不加重我自己的负担。

放下对抗，了解父母的恐惧从何而来

埃里克越说越沮丧。他似乎觉得只要找到人照顾父母，问题就解决了。没错，家务助手是让这个家保持平衡的基础。我们告诉他，我们能帮忙在他父母的居住地请一位社工师。

我们会向社工师简述整个状况，然后她会前往拜访埃里克的父母，并负责雇请家务助手。作为埃里克的代理人，她的角色主要有两方面：照顾埃里克父母的需求，以及卸下他父亲日常的重担。

但这并不能解决埃里克所有的问题。尽管这个方法有不少实质性的帮助，但埃里克更需要做的是让心安静下来，而这需要他能理解他的母亲。毕竟，他始终背负着这份情感包袱。由于痛恨母亲的过度保护，他一长大就立刻离家。过了这许多年，如今父母都需要他，而再度接近他们却难免会掀开潜藏许久的愤怒和排斥，让眼前的棘手困局雪上加霜。与父母的远距离，在这些年提供了无比珍贵的喘息空间，此刻却平添压力。毫无疑问，埃里克自己很需要情感支援，一如他父母需要实质的外来支援。

要卸下长久以来对母亲压抑的情绪，埃里克必须先理解让母亲如此提心吊胆的原因何在，同时明白：他再怎么受不了，母亲也一定比他更难受。其实，像玛丽安这样成天害怕的人，不难想象他们情绪上所承受的折磨有多深，以致时时恐惧自己罹患重病。一堆医生说她没有中风，有什么用？每当她揽镜自照，种种证据就在眼前。任凭先生、儿子、医生说破嘴，都无法动摇她的信念。

就埃里克所记得的，玛丽安一直都是如此，甚至在他有记忆以前就是这样。他记得家人讲过，外婆说玛丽安生下来就是个"紧张兮兮"的婴儿，稍大一点仍对每件小事担忧不已。家人给她取了个绰号叫"紧张玛丽安"，因为每次外婆出门买东西，她就开始胃痛。她5岁时，外婆被送进肺结核疗养院一年，10年后再度进去，并把弟弟妹妹留给15岁的玛丽安照顾。外公是干货推销员，从早到晚在外工作以赚钱养家。很有可能，她在青少年阶段与成年后都曾再度经历5岁时的恐惧，深深感到自己被母亲丢在那里。而在此之前，我们也只能猜想，每当她孱弱的母亲再度怀孕，几乎无法照顾其他小孩时，那对玛丽安形成了何等的创痛。这么一来就不难看出，从婴儿期便活在恐惧里的玛丽安，如何在缺乏关爱中长成时时担惊受怕的小女生。当她害怕自己也可能因患肺结核而被送走时，谁能苛责她呢？恐惧如影随形地伴她长大，她感受到世界充满了危险因子，生存不易。而她本能的生存之道，便是这样极端的行为。对于这些背景故事，埃里克固然都有所耳闻，却从未拼凑起来解释母亲为何对他过度保护，进而也没有产生过任何的同情。

◇深入父母的成长过程，设法了解其恐惧人格的形成背景。

埃里克不再徒劳无功地跟母亲说理，转而开始试着体会母亲内心的苦，进而找到一股力量来帮助她。首先，他可以平心静气地引导她接受看护管理人这件事。当然，埃里克认为专家能带来帮助，并不代表玛丽安也能认同。差别在于，当埃里克以同理心慢慢解释时，她就更能同意儿子住那么远，有专人随时来照顾他们二老是件好事。看护

备忘录

·····································

致：莫尔斯医师

来自：埃里克·史密斯

主旨：玛丽安·史密斯背景信息

以下是我母亲的背景信息，尤其是关于她天生恐惧的部分，也许有助于您的诊断及治疗。

早年：

• 绰号"紧张玛丽安"，只要母亲一出门，她就立刻生病。

• 5岁时，她母亲被送至肺结核疗养院一年，留她和爸爸在家。

• 15岁时，她母亲再度住进疗养院，留她在家照顾弟妹。

• 整个童年，她父亲在家时间极少。

中年恐惧：

• 极度害怕小孩生病，一天到晚帮他们请假。

• 不断换医生检查，尽管每次结果都没有问题。

• 害怕人群与电梯。

• 不愿开车，仰赖旁人接送。

晚年恐惧：

• 害怕单独在家，不愿先生外出。

• 除了看医生，害怕出门。

• 自认有脑瘤、心脏病、中风（您大概已了解一二）。

• 仍不断看医生，希望找到一个与她看法相同的人。

我的顾虑和想法：

• 我父亲为此失去了行动自由。

• 母亲从未针对其恐惧接受过治疗。

• 母亲的睡眠状况极差，或许能借助药物改善。

过去一年曾看过的医生清单：

日期：　　　　　医师：　　　　　前往原因：

目前状况：

用药清单：

管理人能帮忙请一位管家，负责她老公已做不来的各种家事。但这角色并不是谁都可以胜任的，依照玛丽安这种性格，需要充满爱心的陪伴，才有办法消解她带给先生和儿子的重担。看护管理人只要找到性情柔和的管家或保姆，这一家子就可以好好松口气了。

◇ 一旦理解父母之所以恐惧的原因，你将放下对抗。

◇ 别自己诊断父母的状况，把这项工作交给医生去做。

精神科医师的评估和治疗

就算你能以理解取代愤怒和沮丧，像玛丽安这样的病患仍一直坚信自己有病。别像埃里克之前那样，自己判断哪些为真、哪些是出于想象。玛丽安的病况不该由他定夺。为了彼此好，他应该抽身，别自己充当诊断医师。没错，玛丽安曾不断为某个症状找许多医生，但她从没做过精神科方面的详细检查，而那或许可以找到有效解决问题的根源：恐惧。征得母亲同意后，埃里克可以带她去，但首先他可以先把母亲不曾告诉他的过去，简单做个整理，让医师事先了解她的恐惧发展背景。大致可以像上页的备忘录这样。

这样的信息，有助于医师全面掌握父母的症状，从而与他们有更有效的互动。在此阶段，医师负责诊治她的身体疾患，推荐她去看老年精神科医师，接受恐慌评估治疗。目前看来，焦虑包含两个方面：生物生理与基因体质，因此，药物及对谈治疗双管齐下，效果最好。所以，若精神科医师开出药物处方并给出咨询建议，无须惊讶；这种合作取向治疗（collaborative therapy）往往效果良好。

我们要再次强调，最好找一位熟悉老人家状态的精神科医师，尤其当需要用到精神治疗药物时，毕竟年轻人和老年人对药物的反应可能差距颇大。可以的话，先多跟几位精神科医师聊一下，再从中决定。如果父母居住地的选择不多，可以请别处的老年精神科医师担任父母医师的咨询对象。

认可并正视父母的痛苦

前述例子中，当埃里克明白自己虽然苦不堪言，但母亲受的苦更深时，他的心结终于打开。这种理解衍生出许多方法，其一被称为"认可"。

像玛丽安这样疑心自己有病的人很多，他们中年，甚至更年轻的时候，便因各种或真实或想象的毛病而不断看医生。等到了晚年，身体本来就容易出状况，疑病症自然愈发变得严重，他们的家人也感觉不堪其扰。下面的例子显示的是另一位有疑病症的母亲，多年来总是抱怨背痛。从以下对话中，我们呈现女儿可能有的错误反应，再看使用我们认可的方法如何扭转局面。

母亲：我的背痛今天又更厉害了，真不知该怎么办才好。

女儿：我相信明天一定会好多了，放轻松点。（不经意地漠视母亲当下的感受）

母亲：你说得容易。我痛得要命，怎么放松。

女儿：琼斯医师说这些放松药会有帮助。（不知所措之下，勉强提出缓解建议）

母亲：这些药一点用处都没有，只让我想睡，醒来一样很痛。反正他就是认为这些痛苦都是我凭空捏造出来的。没人可以体会我的苦痛。

这番对话让彼此都很难过。女儿想帮忙，却只是帮了倒忙。母亲觉得自己的苦痛无人了解，女儿认为自己说什么都无法化解母亲对背痛的执着，因而感到挫折又气恼。接下来看看，当女儿正视母亲所受的苦时，情况会如何改善。

◇ 基于用药考量，应听取老年精神科医师对父母的评估。

母亲：我的背痛今天又更厉害了，真不知该怎么办才好。

女儿：我真不知道你怎么受得了，那一定很痛。（接受母亲背痛的事实）

母亲：真的很痛，但我还能承受。女儿正视了母亲的难受，让她不再觉得有继续抱怨的必要。

在第二段对话里，女儿认可了母亲的疼痛，而非在经年听到她抱怨医生检查不出背痛后，随便敷衍了事，或甚至更糟地反驳她，说她心理有毛病。

回到埃里克和玛丽安，瞧瞧他如何借由认可来说服母亲接受精神科诊断。

玛丽安：我很高兴你大老远来庆祝我的生日，但我想取消整个派对，我没那个心情。

埃里克：那太遗憾了，妈，我以为你会开心点的，究竟怎么了呢？

玛丽安：我整晚睡不好，怎么开心得起来？

埃里克：妈，我们都知道睡饱对你多重要。我可以想象你整晚翻来覆去，第二天昏昏沉沉，接着又担心晚上仍睡不着。我知道有些药物能帮助你放松，我想跟你的医师谈谈，请他介绍一位专家，协助评估你的睡眠状况，开些适当的药物。

玛丽安：埃里克，亲爱的儿子，我一直这样神经兮兮的，我不认为有什么药会有用。不过，我想你联络一下莫尔斯医师看他怎么说也无妨。

◇多做认可练习，可改善沟通成效。

这样的认可过程，当然不能像医师一样治好疑病症患者，但至少可以让他们与子女好过许多。当焦虑的母亲觉得孩子相信她、理解她时，焦虑自然而然就会减轻了。曾让成年子女沮丧，甚至绝望的无效对话，是有翻盘空间的。

早年的创伤易成为恐惧之源

之前提过，不寻常的恐惧往往是童年某些事件的后遗症。多数情况下（就像玛丽安的例子），我们只能猜测生命早期事件与成年举止的相关性。有时，情况一目了然，比如下面的例子。罗伯特焦头烂额地前来求助：母亲与他同住，但她的恐慌已让夫妻俩走投无路，罗伯特希望能妥善周到地让母亲搬出去。

[案例21]

因为恐慌而把子女逼疯的母亲

从我有记忆以来，我妈一直都紧张兮兮，看到水尤其害怕。有一次，我10岁左右吧，去参加朋友在公园举办的生日派对。我是唯一有妈妈作陪的小朋友。大家纷纷到小溪边玩，而我一过去，马上被我妈抓回来。说有多丢脸，就有多丢脸。

我妈对死也非常忌讳，谁在她面前都不许谈这个话题。我父亲过世，她不肯出席丧礼。当时她不哭不语，只是大叫："乔治，你怎么能这样对我！"

随着岁数越大，这些恐惧、担心和仪式对她的影响也越大。她害怕一个人在家；她担心细菌入侵和食物被污染。我们家成为她的囚笼，我也跟着变成她的守卫。最近，朋友邀请我们去他家吃圣诞大餐，我妈犹疑不决，担心会得病。我被她这么负面的想法气个半死，好说歹说要她改变心意，最后我大发脾气，过后又非常难过自责。

以前小孩在家时，情况还没那么糟，但现在他们全都离家念书，我妈越来越怕一个人在家，同时也把我和我太太绑得越来越紧。

紧接着，罗伯特提起亲友间辗转述说的母亲童年创伤。

她生长在欧洲的一个小镇，外婆独居在附近的村庄。母亲派给她一个任务：每天下午步行去外婆家，陪外婆过夜。那里只有一张床，祖孙俩便同床共枕。有一回在去外婆家的途中，她掉进河里，差点溺毙。另一回，她早晨醒来，发现身旁的外婆没了呼吸，已在半夜死去。这一切都发生在她七八岁时，那种恐惧感从此挥之不去，使她往后持续被童年的噩梦惊醒。

父母可能是创伤后压力症候群的受害者

追溯罗伯特母亲过往所发生之事，我们可以假设，她的童年经历与后来的恐惧行为有密切关联。孩提时差点溺毙，说明她为何对水如此畏惧；她那么害怕丧礼、细菌等充满死亡气息的事物，显然来自儿时体验到外婆之死的恐惧心情；其他的一些仪式，像是超爱干净、对食物的挑剔、每日作息非常固定等，可解释为她努力掌控生活，以对抗童年时那些她无法避免的事件。像罗伯特母亲这样的人，正是创伤后压力症候群"PTSD"的受害者。

创伤后压力症候群这个临床名称，是指某人历经生死交关后所产生的反应，那段经历也许是身体受虐、性暴力、战争、犯罪行为、天然灾害、骤失亲友或重要资产。

研究指出，这些人的心理效应不一定会在事件过后立刻出现，实际上，其间可能长达数年。而且，时间不见得能抚平创伤，反而常随着老年的其他病痛、失落而更加严重。比如罗伯特母亲的这个案例，那些童年梦魇已过了70年，焦虑反而变本加厉，可能就是这种情形。

受害者会因类似事件而重新经历创痛与恐惧，如此便不难想象，他们会竭尽所能地避开一切可能揭开这些惨痛记忆的触发点。就像罗伯特的母亲逃避与死亡相关的任何场面一样，就连她先生的丧礼也不例外，因为那会让她想起小时候醒来发现外婆已死的惊吓感。但紧张的状况毕竟很难完全避免，所以罗伯特和其他小孩下水玩，便反射性地激起了她的焦虑，使得她要立刻去把他拉上岸。那时的她，想必是再度亲临自己当年差点溺水身亡的现场了。

成年子女无须背负对父母的愧疚感

帮助成年子女应付难缠的父母，首先便是让子女理解父母的问题所在，进而体谅其痛苦程度。罗伯特来找我们，是希望顺利地把母亲从家里送进养老院。在经过几度咨询后，他学会了理解与应对之道，也不再觉得必须把母亲送走了。掌握了创伤后压力症候群的基本信息后，他开始理解母亲的怪异行为，像是为何拒绝出席父亲的丧礼等。现在他明白，母亲之所以封闭自己的情绪，是害怕重新经历童年的创痛。她这么做，都是为了保护自己。

我们发现通过角色演练，能让罗伯特有效地抓住与母亲应对的诀窍。例如，我们要他演练他首次来时所谈的事件，借此让他看清自己当时的反应如何于事无补。在这段历史重现的演练中，咨询师扮演母亲，罗伯特则当他自己。

◇ 了解有关创伤后压力症候群的信息，有助于子女包容父母莫名其妙的行为。

罗伯特：妈，索尔家邀请我们这周六过去吃晚餐，他们希望你一定要出席。

母亲：我不去。我晚上是不出门的。帮我跟他们说不好意思。

罗伯特：一起去啦，妈，拜托，我会很感激的。

母亲：（生气了）别烦我，我不去，就这样。

罗伯特：（声音透出怒意）妈，你简直像个隐士一样。你从不肯一个人在家，又不让我们找人来陪你，这次你又要我们跟你留在家里吗？

母亲：别管我，你不懂。（开始啜泣）

罗伯特：（踏出房门，满心愧疚）

通过演练，罗伯特清楚地看到自己的回应毫无帮助。他当然希望母亲多出门享受人生，面对她的拒绝，他既受挫又愤怒。如果顺着母亲的意思一起留在家里，他会愤愤不平；如果把母亲一个人留在家里，他又满怀不安。就这样，他永远在母亲的恐惧和自己的愧疚间摆荡，怎么做都不对。

在这段对话里，罗伯特的态度乃是基于一个假设：只要说服母亲，让她了解自己的行为有多荒谬，她就会答应参加。他从未想过母亲所经历的童年创伤可能会造成今日的行为，等我们解释过创伤后压力症候群与他母亲问题本质的关联时，他顿时领悟到，要改善局面，唯有自己调整应对之道。我们再做一次演练，以确保他深刻记住这个认识。

> 罗伯特：妈，索尔家邀请我们这周六过去吃晚餐，他们希望你一定要出席。
>
> 母亲：我不去。我晚上是不出门的。帮我跟他们说不好意思。
>
> 罗伯特：我们大家会念着你的。我们还是会去，并在11点前回来。我把电话号码写在这儿。要不要我们找人陪你？

注意在这段演练中，罗伯特没有争辩，也没有承诺留下来陪母亲。他接受母亲的拒绝，并仔细交代自己几点回来。不争辩，即是一种尊重，让他得以避免一场对峙，以及意气之争后的挫败感。他学会留意自己的言行，避免激起母亲早年的阴影，并设法让她感到安全。

经此协助后，罗伯特已经能控制自己对母亲的不满。以往每次听到母亲在晚餐桌上说怕有细菌什么的，他不是加以嘲讽，就是开她玩笑，最后总不免落得彼此针锋相对。如今在知道母亲何以如此之后，他不再出言相讥。

就像前面提到的许多成年子女，一旦了解母亲真正的问题所在，罗伯特便停下了要她"正常点"的劝告。明白母亲早年的惨痛经历为她晚年带来的阴霾后，他的气恼转变为同情。

罗伯特开始为母亲感到难过和遗憾。他想着母亲童年所承受的苦，便不再气她，而是气当年迫使那个小女孩背负成人责任的大环境。他想象着如果没有那段过往，母亲的人生会变成怎样，自己的人生又会是怎样。最终，他彻底明白，无论再怎么努力，他也不可能拥有梦想中的母亲。

◇ 理解有助于你控制脾气。理解有助于你开始同情父母。理解有助于你放下不切实际的期待。

◇ 互助团体能有效处理愧疚感。

知道母亲是受制于过去才变得如此难缠，而非因为彼此的相处，这让罗伯特感到如释重负。他学会留意自己的言行，避免激起她早年的阴影，并且努力给她安全感，比如他现在会禀报自己要去何处、几时回来。

当此咨询成功结束时，我们鼓励罗伯特参加互助团体，以深化他的新发现。于是他与一群背景类似的成年子女，由一位主持者带领，开始进行一个月一次的聚会。对他来说，其中最有帮助的活动很像之前描述的角色演练，其他成员扮演他母亲。通过这些练习，他一步步卸下心防，更能与母亲自在地互动。下面是这些演练的其中一个范例。

罗伯特：我老板邀请我和菲莉斯下周日11点到他家吃早午餐，所以那天我们不能像平常一样跟你吃饭。要不要我们先帮你准备好餐点，还是请梅布尔（管家）来弄，陪你一块儿吃？

母亲：（有点不开心）你们就非得找我们聚餐的时间去做客。

罗伯特：妈，抱歉，我晓得你有多珍惜周日跟我们一起享用早午餐的时光。

母亲：好啦，去吧，我才不在乎呢！

这种情况下，若是昔日的罗伯特，势必会被愧疚感席卷。但经过与我们及互助小组的练习，他不再那么轻易被母亲激起罪恶感。

许多前来求助的成年子女常说："我妈总让我觉得愧疚。"仿佛问题出在母亲。我们则协助他们看清，是否感觉愧疚全在于自己的选择。上面这段演练，强化了罗伯特对抗愧疚的能力；他学会善待母亲，也善待自己。

试试这类技巧是否可行，别好高骛远。要改变自己的态度绝非易事，需要大量的练习。

一对一或小组咨询可能颇有成效，就像罗伯特的例子。

接着再来看另一个深受愧疚折磨的案例。苏珊与母亲相隔千里，每年探亲必满载罪恶感而归，导致她决定求助。所幸她找到一群状况类似的同伴，经过几个月的小组互助与大量的角色演练，她下一次探亲之旅的气氛获得了极大的改善。从以下母女近期对话可知，苏珊由此小组获益匪浅。

苏珊：我们6月会去看你，待两天。

母亲：哦，原来我属于陪两天的妈妈。你休假几天啊？

苏珊：妈，我们一起把这两天过得充实难忘。我很抱歉你觉得时间不够。

母亲：算了，我还是继续捡面包屑吧，反正我习惯了。

苏珊：哎呀，妈，别这样嘛！（她换个话题，跟母亲讲起女儿生日派对的种种细节。）

苏珊并没有花时间去愧疚。她认同母亲的感受，同时知道自己不是坏女儿。

学会以自己想要的方式生活，而非受父母牵制，你将会更喜欢父母与自己。如之前角色演练所示，罗伯特安排好自己的节目，也尽心把母亲照顾好。他知道要她开心接受简直是天方夜谭，但多年以来，他首次觉得自己能掌控自己。

受创伤后压力症候群折磨的人，总是竭尽所能地压抑或忘掉那些重创他们的事件。杰出心理学家爱利克·埃里克森（Erik Erikson）曾说，人到晚年，最大的功课便是总结一生——能正面、温柔地接纳自己，以及自己的人生。他称此为统整（integration）。要达此境界，我们必须能哀悼此生所有的失去和所有的悲剧。创伤后压力症候群受害者却无此能力。

关于此，我们将在下一章详谈。

8

陪父母面对老年课题

失落、哀痛和悼念

晚年，是总结之时，是我们与终将结束的此生和解之时。因此，如何面对其间种种失落，显得格外重要。如同朱迪思·维奥斯特（Judith Viorst）在极富洞见的《必要的丧失》（*Necessary Losses*）中所言："那些失落的经验，无论好或坏，决定了我们成为怎样的人，过着怎样的人生。这一生，我们随时都在面临失去；随着年岁越大，失去的越多，且形色各异：失去所爱，失去友伴、隐私、独立、熟悉的环境，失去身体功能（视力、听力、美貌、驾驶能力等），心理功能亦随之衰弱，尤其是记性。随着退休的到来，我们失去了一生投入的工作。当然，最后也失去了生命。

维奥斯特的论点是："我们在失去、舍弃、放下中成长，这就是必要的丧失。"这种老者何其幸运，能坦然直视失落，哀悼它们，继续朝埃里克森所称"尊严"的方向前行。但并非所有人都如此幸运。有些人穷尽一生，努力建造防御机制以对抗创伤。对某些人而言，哀悼等同于卸下防卫，让昔日恶魔重现，再度经历早年令人痛苦的分离——他们无法面对维奥斯特所说各种失落的第一项：与母亲分离。对另一些人来说，哀悼某事，无疑是掀开早年伤疤，那是难以承受之痛。

如果你的父母属于这种类型，你将从这一章学到帮助他们缓解痛苦的方法。

以正面的态度接受失落

人生来到晚年，多数人已可以承受诸多失落，继续稳稳地前行。他们当下的反应也许是惊吓、难以置信、抗拒、封闭、倦怠、生病、依赖性变强、焦虑、抑郁；但随着时间的推移与旁人的鼓励，他们学会接受，日渐复原，终于能适应改变后的人生。西蒙便属一例。

[案例22]

用乐观面对失去的西蒙

西蒙与病妻都已85岁高龄，刚从家乡搬到女儿所居城市的疗养院。这是个困难的决定，但他没办法；他知道自己无法再像从前那样照顾妻子。尽管抛下过往如此令人不舍，跟孩子住近一点却更重要，必要时能马上找他们帮忙，他们也省去了很多距离所带来的不便。

西蒙勇敢面对，并不时感谢女儿们和疗养院所做的一切。他正面看待眼前的改变，安顿好内心巨大的失落感。但不到3个月，更多打击接踵而至：结褵六十载的老伴撒手人寰，紧接着他得动一个手术，之后需靠轮椅代步。一个正为老伴伤逝的老人家，要他打起精神乐观复健，似乎有点过于强求。然而，西蒙很有动力，努力治疗。他很愿意说出失去太太的悲伤，并从他人身上得到支持。一位社工师鼓励他借着回顾过去，好好地审视一生，如实接受，再继续向前。她还带西蒙出去用餐，听音乐会，参加演讲，这些活动与刺激让他的心智保持敏锐，对生活满怀乐观。

乐观是西蒙得以复原的主要原因。但他已90多岁，身体机能又逐步衰退，活动亦日渐受限。尽管如此，他仍能从日常生活中找到乐趣，对人不失信心，乐于接受帮助，因此能充满尊严地走到人生的尽头。

晚年所面临的失落

想想西蒙晚年承受了多少失落。

- 家，以及家乡熟悉可爱的环境
- 老朋友们
- 独立性
- 隐私
- 老伴
- 健康
- 行动力

迟暮面临的失落之多，令人唏嘘。我们多半只看到失去所爱之痛，却没有意识到其他很多失落也需要好好地面对和处理。对西蒙而言，别种失落，无疑使得丧妻这件事更难承受。

你的父母也许正面临类似处境。有时，失落之间有连锁效应：当某人因跌倒或中风而无法行动时，可能需要请全天候的看护。这实属必要，却也意味着此人失去行动力的同时，也连带失去了某种程度的隐私与独立。

大部分的人和西蒙一样，会试着接受失落，并寻找适合身体状况的娱乐活动。有些人自怜自艾，只顾着悲叹年华流逝，体能不再。最难面对生命各种失落的，也是让成年子女最不知所措的，就是那些终生难以相处者。而即便你的父母属于这一类，也不用绝望。

明白了父母长期状况如何影响他们对失落的反应后，修正你自己的态度，就很有机会获得不一样的回应。

◇ 请记住：难相处的父母特别难面对失落。

子女有时会受不了父母不断抱怨失落，因而选择不理。这是不对的，要用心聆听。比如说，你那自我中心的母亲向来以美貌为荣，当她伤心风华不再时，身为子女的你应以同情和体贴来回应她。如果你的父亲因丧失听力而变得神经质，拿出耐心，找出有效的沟通途径。

若你那性格负面、总爱指责人的母亲，成天批评她刚搬进去的公寓时，不妨想想她失去住了几十年的老家会是何等失落，再慢慢让她走出悼念的过程。如果父亲不适应养老院，无理得让你受不了，别逃开，就算他不理你，你也应该努力敞开沟通的大门，让他随时有台阶下。

不难想象，最难承受的失落要数丧偶，对个性难缠的老人家尤其如此。很多人就是为此前来求助。失去爸爸或妈妈已经够让成年子女悲痛了，活着的爸爸或妈妈反应又这么令人无法招架。下面是几个这样的例子，我们也会提供方法，教成年子女如何兼顾父母和自己的情绪。

一位不知如何排遣哀痛的老太太

也许你的亲友当中有这样的人：失去挚爱，却表现得仿佛没什么大事发生，没有眼泪，作息如常。我们的客户锡德就完全看不懂：父亲走了三个星期，母亲萨拉一滴泪都没掉过。她冷静干练地处理先生的遗物，迫不及待想离开这待了60年的家，搬去养老院。锡德想不通母亲为何会有如此反应。更糟的是，母亲对儿子的依赖日渐增强，锡德怎么做都不够。此外，她还不断挑剔他的太太和小孩，背地里说他们自私。

锡德说出他母亲的一些背景。她小时候，父亲抛家弃子，母亲变得强烈依赖女儿。萨拉曾向儿子吐露过，嫁给他爸爸，是为了从她母亲身边逃开。在锡德眼中，妈妈和外婆很像，都很挑剔又刚愎自用。成长过程中，妈妈对他们父子忽冷忽热，一会儿说锡德很乖，一会儿又说他很糟，全依她当下的心情而定。上大学后，他终得脱身。结了婚，母亲看媳妇很不顺眼，不断嫌弃："怎么她什么都做不好？"于是锡德尽量和妈妈保持距离，直到父亲患癌过世。这当中，母亲从未掉泪或显现出大事当头的任何反应。锡德凭直觉认识到母亲需要协助，于是接受新的现实，并来到我们面前。

我们安排一位助理社工师琳达每周去探望萨拉，跟她做伴，也陪她处理事情，像是看医生、拿药等。琳达借着家庭相册刺激她追忆过往，从她当学校老师开始，到后来与先生相处的数十载岁月。

萨拉完全不能原谅先生的死。对她而言，这等于抛弃，就像当年她爸爸抛弃了家一样。由于小时候缺处理哀痛的情感技巧，萨拉处于无法面对任何分离的失能状态。换作其他人遭遇丧偶之痛，终究会走出打击，接受事实，继续前行。但萨拉不行，她自己一个人办不到。通过与琳达之间的情谊以及追忆照片，萨拉有机会从回顾人生中，找出美好时光以平衡自己对婚姻的不满。

我们帮助锡德了解母亲早年的经历对眼前所造成的影响，他不再像以前那么放大母亲的挑剔，也不再觉得自己要为她的快乐负责。锡德终于接受了母亲的缺点。这个改变，体现在母亲叨念时他包容的回应上。

引导父母找到情绪的出口

当父母的情况类似萨拉，没出现一般的哀痛反应时，你或许还因不必面对失控状况而觉得松一口气。短期内或许如此，但时间长了就有问题。压抑悲伤会导致抑郁症，自杀念头可能在数月，甚至数年后，碰到假期或纪念日而浮现。萨拉深藏的悲痛，展现为愤怒、尖刻和敌意，就跟她自幼以来每次碰到失落时的反应一样。一般人则往往展现为身体不适与病痛。

如何应付这种情形？以下提供几点建议。

◎ **试着体谅父母没办法哀痛这件事。**无法哀痛，是萨拉终生问题的一个重要面向。像她这样的人，为了避免再次承受失去的重大打击，早已建立了坚强的防御机制。要了解，她没能哀痛，并不代表她对老伴没有感情，或仅有厌恨；刚好相反，萨拉这类人一样有着喜欢与厌恶之情，只是他们不知如何将之融合在同一个人身上。一旦面临失去的打击，这种冲突马上产生。

◎ **倾听父母。**假如母亲告诉你，她感到抑郁，那可能意味着她的哀痛借此形式呈现。别想说服她走出阴霾，就像下面这段对话中那位女儿所尝试的。

◇ 想以理说服父母抛开抑郁，是没有用的。
◇ 读出父母言词中透露出的哀痛信号。

母亲：我真不想面对早晨。

女儿：（想劝妈妈走出负面情绪）可是你有很棒的人生啊！你有个温暖的家，还有两个可爱的孙子。

母亲：对，我知道。但你爸丢下我一个人，我好孤单、好难受。

女儿：（拼命想让妈妈开心点，要妈妈乐观看待生命）妈，如果你能把半杯水看成半满而不是半空，你会觉得好过得多。

母亲：我觉得好累。

这个女儿看到母亲陷入抑郁，试图以乐观把她拉出来，结果却是双输：女儿毫无进展，深感挫败；母亲更加疲惫，觉得被误解。

这位母亲只是以她唯一做得到的方式，抒发一点哀痛之情。从她的表达中，我们可以听出一些蛛丝马迹：

你爸丢下我一个人。

我好孤单。

我觉得好累。

乍看之下，这些话反映的不过就是愤怒和哀怨，但如果想想这位母亲的性格和为人，就会知道这是她能表达失去老伴感受的唯一方式。她的哀伤，就藏在那些身体情绪的抱怨底下，这就是她对丧偶的感受。重点是，她在表达情绪时，她的女儿若能尽量保持静默，让母亲尽情说出感受，对双方都最好。就像这个例子。

母亲：我真不想面对早晨。

女儿：（尽量少说）我知道。

母亲：你爸丢下我一个人，我觉得我病了。

女儿：（依然少讲话）嗯。

母亲：（开始打开一点话匣子）我看你爸是真的想死的，这样他就不必再帮我做事了。他一直讨厌做采买之类的杂事，他讨厌必须帮我处理一堆事情。我希望他满意了。他再也不用管我了！

◇ 鼓励父母把情绪说出来。

试着站在这位女儿的立场。她几乎不出声，只是听着妈妈讲父亲的坏话。这时难免会让人很想开口争辩，但这么做只会让事情更糟。最好的做法是，认可妈妈对父亲的负面情绪，尽管这很难做到。

母亲：他再也不用管我了！

女儿：是啊，你变成一个人了。

母亲：（啜泣起来）还好我有你。

倾听母亲，认可她的情绪，包括负面情绪，不代表你同意她或站在她那边，也不代表你对父亲不孝。这么做，只代表你想通了陪伴母亲最好的途径，是不与之争辩，不反驳，不试图劝她走出阴霾。

有时，回顾往昔有助于抒发哀痛。你可以找出一些老相册，鼓励父母谈谈旧日种种，好的不好的都行，说说恋爱时期到结婚后的点滴，聊聊各个特殊日子。那些过时打扮与泳装可能会让你们发笑，更重要的是，可借此协助父母平衡正负面情绪。比方说，当母亲忽然把她过世的姐姐端上圣坛，直说她多好多好时，你可以温和地提醒她，伊娃阿姨有时是如何的不讲理。如果这类活动无法立即生效，可过一段时间再试。如果这件事对你的刺激太大，不妨另外找人。比如萨拉那位助理社工师，不是一步步地引导她追忆过去，重拾人生吗？整理出一本《这是你的人生》剪贴簿，或协助当事人录制口述史，都是让他们回顾生命成就的好办法。

◇ 陪伴父母追忆过往。

◇ 找其他人为父母提供更多慰藉。

◇ 鼓励父母参与和保持独立。

◇ 照顾好自己。

鼓励父母独立和投入，让他们站起来。没能力哀痛的人，往往会退缩自闭，依赖子女或看护者帮他们做所有的决定。萨拉便是如此。此时，务必要让当事人尽量投入现实，尤其要有能力为自己做决定。成年子女可以帮忙的是，事先过滤，把选项减少到两三个。

在关心父母的同时，也别忘了关心自己。举例来说，如果父母因哀痛而倒向你，提出无底线的要求，你要划出界线，知道自己最多可以做到哪里。长远而言，这对双方最好。深陷于悲痛中的父母，也可能做些事情让你不谅解兄弟姐妹。如果你们了解母亲无法同时间与一个以上的子女和睦相处，你们可以安排各自与她相处的时间，别让她造成家庭不和。

若父母无法停止悲伤

有像萨拉这样失去挚爱却不会落泪的人，也有哀痛过度的人。这种停止不了悲痛的情况，似乎跟萨拉全然相反，但实际上，两者非常相似，同样欠缺健康的哀痛能力。可以想象，子女做尽一切，却只见父母冻结在悲伤里，将会感到多么无奈。

你可以采取一些简单步骤，帮助父母走出伤痛。第一，设法了解造成父母无法控制悲伤情绪的原因；第二，不要放弃父母，但也别为其悲伤添加柴火；第三，让父母参与有意义的活动与计划。

下面叙述一位女儿的故事，紧接着是根据上面三个步骤所做的明确建议。

[案例23]

帮助母亲走出丧偶之痛的女儿

我父亲去世20年了。对我妈来说，那却好像是昨天才发生的事。这种时候，我打赌她一定抓着电话，跟她妹妹哭诉说："怎么会这样？"每次她一开始发作，我就马上走开。我觉得这样做很冷血，但经过5年、10年、15年，我实在受不了她的眼泪，不管我怎么劝，她就是哭个没完。

后来我辗转得知她之所以这样的原因，就比较能控制自己了。她还是哭得很厉害，但我不再走开，不再以为这是冲着我来的。我现在明白妈很气爸爸弃她而去，因为她小的时候父母生病，把她丢给一个阿姨照顾。有了这一层理解，我的态度大翻转，不再觉得是自己引起她伤心。现在我变得体贴有耐性多了。

咨询师教了我一些建设性的方法。现在我去探望妈妈前，通常都会准备好某种活动或计划。以下是我们去年做的事情，我觉得对我们帮助很大。

· 我们跟散居世界各地的亲戚搜集了许多照片与故事，合力做成一本家庭相册。

- ·有个周末，我带她到我公司，让她知道我上班的情形。
- ·我们一起去探访她的朋友和我的朋友。
- ·我们去看电影和舞台剧。我一定选轻松愉快的类型。
- ·我开始跟妈妈收藏茶杯，我们还常一起去逛古董店。
- ·我们坐了一趟市区游览大巴士。

现在我觉得去探望妈妈不再让人恐惧，而是一种挑战。我不再被她的哭泣惹毛，而是能给予同情了。

◇ 若父母无法停止哭泣，别弃之不顾。那只会让情况更恶化。
◇ 若每次探视父母几乎都被泪水淹没，下次去之前，不妨先准备一个活动或计划。

当父母以替代品来逃避悲伤

我们已经看到缺乏哀痛能力的人，有两种看似南辕北辙的表达形式；另一种也很常见：找人取代老伴离世所留下的空缺。你认识的某人可能刚失去妻子，便马上再婚或跟某人同进同出。成年子女常因此感到失望和愤怒，甚至不齿，斥责父亲简直越活越幼稚，毫无判断能力。他们常会这样说："失去妈，你不觉得伤心吗？""你怎能对妈如此不忠？"有些子女倒是乐于看到这种迅速替换，认为可化解父亲的孤单，也可卸除自己的重担。

以下这则关于索尔在妻子死后的故事，由他烦恼的子女告诉我们。

妻子过世便无法自处的索尔

妈一直把爸爸伺候得妥妥帖帖。爸爸希望妈这么做，而妈也心甘情愿，毫无怨言。妈走时，爸爸第一时间不是悲伤，而是担心接下来谁可以照顾他。他不顾我们走不走得开，硬是要有人随传随到，做饭给他吃，带他到处走走。

我们尽力而为，但他稍有不满就大发雷霆。几个月后他遇见埃莉诺。埃莉诺很迷人，也刚失去伴侣。两人很快便步入婚姻。一方面，这让我们松了口气；但另一方面，当我们听说埃莉诺过世的先生待她，就像妈以前对爸爸一样，我们不由得开始担心起来。果不其然！就像爸爸期待埃莉诺取代妈一样，埃莉诺同样期待爸爸取代她前夫。当然，两人都落了空。这固然令爸爸失望，但他仍自傲能娶到这位迷人的寡妇，让他在乡村俱乐部里很有面子。因为新老婆不善烹饪，爸爸就带她继续到儿女家吃晚餐，或叫我们把煮好的东西送

我能为父亲做的合理事项

· 一周采买一次，顺便陪他两个钟头。

· 每周二、四晚上通电话。

· 真正紧急时，立刻报到。

· 必要时，联系他的医生。

· 帮他安排好看医生的交通工具。

过去。两人随时想出门，就叫我们开车接送，虽然出租车费对他完全不是问题。如果我们慢点接电话，他就冷嘲热讽地说："忙到没时间接电话，要这种女儿干什么？"要不就大发脾气道："我为你做了多少，你难道不该好好报答我吗？"

我们解释，父亲没表现出悲伤，不代表他不爱他们的母亲；只是没有了她的爱与关注，以及长久以来的呵护，他顿失依靠，茫然无措。

如果你也处于类似情况，当你认清无论你怎么想，老人家照样会我行我素时，你将觉得好过不少。所以，别自以为必须阻止他。

让你觉得这么生气的原因之一是父亲无限度的要求，你又无法说不。而为了自己好，你必须处理这种罪恶感。你要为自己出头，决定哪些是你可以为他做的合理范围。

假如你的父母也像索尔一样，你将深知这说来容易，做来何其困难。当你处于失去母亲的悲痛情绪中时，很容易就会帮父亲做太多，一不小心就滑进"伴侣"那个位置。要保持客观，你甚至不妨坐下来写一张类似下页的表格，考虑自己的能力，列出能做的事项。光是思考与书写，就能帮助你客观地评估局势。

◇ 父母找人取代逝去的伴侣，意味着他无法自处。接受父母有权为自己做主，无论好或坏。

◇ 划定你能够做的合理界线。

创伤后遗症对老年的影响

重大创伤造成的长期反应颇为常见，通常被诊断为创伤后压力症候群，患者将终生带着情绪伤疤。失去，是伴随那些可怕经历的要素之一，导致患者没有能力哀悼所失，也无法继续前行。如果你的父母曾有这种经历，使得自己和家人陷于深渊，请按照我们的建议，打破彼此双输的僵局。第一步是找出让他自虐的源头，设法理解他所经历的创伤。

创伤后压力症候群最常因孩提时受到肢体或性侵害而引发。小孩不仅承受虐待本身的折磨，施虐者（双亲或其一或其他家人）辜负了他的信赖，更让他痛苦不堪。多半时候，他们责怪自己，认为一定是自己做错了什么才会受此凌虐。长期的自尊问题困扰着这些人，使他们在生活中总担心从别人那里得到不好的待遇。

创伤后压力症候群也常由其他重大伤害引起，例如从战场回来的退伍军人身上就很常见。第二次世界大战时大屠杀的幸存者也多有此症，他们应该也是研究灾难性创伤的主要对象。这些幸存者为了逃避失落的回忆，积极投身于工作等活动中，等来到晚年，力有不逮时，那些梦魇片段便开始闪现，形成极大的威胁。

下一则情节便是讲述这样一位幸存者，纳粹德国的阴影笼罩着他的一生。虽说这是特定人士的故事，他的态度和行为却不仅普遍反映了幸存的犹太人，也反映了别种事件造成的创伤后压力症候群患者的情况。

◇ 尽量了解父母的过往。其中或许有什么细节，可用来帮助你们度过哀痛的过程。

一辈子无法自己做决定的雨果

希特勒掌权后，雨果的父母便遭到监禁。雨果带着妹妹从一个城市跑过一个城市，终于从德国逃到意大利。起初看来一切顺利，意大利人友善好客，难民可以生活得不错。就在这儿，他遇见同样来自德国的难民玛莎，并且娶了她。孰料意大利旋即与德国结盟，难民只好再度逃亡。雨果和玛莎跑过许多国家，在战争爆发前来到纽约。战后他们在洛杉矶安顿下来，雨果的生意做得不错，孩子也一一诞生。

他们两人从不愿多谈欧洲的经历。雨果只会说，当初选择意大利，实在是大错特错。在女儿哈丽特的记忆中，父亲向来都做不了决定。当父亲建议她怎么做决定时，他总会这么讲，"别让自己坐在两张椅子中间"，意思是：如果不确定下一步会更好，那就按兵不动。这是雨果奉行的圭臬。

雨果结婚后，所有事情都由太太玛莎做主。玛莎走了，丧礼后那几天，雨果几乎绝口不提玛莎，甚至没流露出多少哀伤。他将全部心神都放在要搬到哪儿去这件事情上。他清楚所有生活选项，又找小孩仔细讨论。一次又一次，他下了决定，付了订金，然后退缩不去，觉得这会是他做过的最糟糕的一项决定。哈丽特前来求助时，如此形容："我爸就像被钉在原地。"

雨果的优柔寡断、犹豫不决，与他对早年不断迁移蕴藏的愤怒有关。对他而言，一个决定事关生死，尤其在涉及搬迁时。他就那么"困在椅子上"，不断重现过去，根本无法动弹。

雨果的无法做主，就他此刻的情境而言，可能有点特别。他想借着搬到安全的地方，逃避丧妻所带来的伤痛，却又怕会在下一个地方碰到更多失落与痛苦，于是迟迟无法行动。这种无法面对哀痛的状况，在很多大屠杀幸存者身上都能看见，走过其他创伤的患者亦然。

当然，雨果只是希特勒对犹太人大屠杀之下的一名幸存者，这段经历造成他的某种心理创伤。至于其他幸存者，尤其是那些在死亡集中营待过的，各有不同的创伤，唯一相同的是，他们全都无法进行哀悼，无法表现哀伤，因为若正视眼前的失去，那拼命想忘却的回忆与情绪就会涌现出来。对某些人来说，哀悼、接受那灭绝数百万人的大屠杀，等于是默许此罪行；某些人对于有那么多人死去，而自己竟活了下来，一直深怀愧疚；还有些人，觉得自己遭到了上帝与人类的弃绝。

很多人试图抹去那段过往——把它斩断。但不论再怎么努力，都不可能忘得了。就像诺贝尔和平奖得主埃利·威塞尔（Elie Wiesel）形容的自己与其他幸存者："我们并不活在过去；是过去活在我们心底。"于是当他们年老时，想如常人般总结并回顾自己的一生时，会认为自己缺乏基本的人性。很多幸存者觉得待在养老院，无异于被关在集中营。我们有位客户已无力自己照顾母亲，虽知附近的养老院能提供母亲所需的细致的医疗看护，却又不忍送她进去，只因怕会掀起她待在集中营的记忆。但，每个人的经历，其实各有其曲折。他母亲告诉过我们，战争期间，她曾在某修道院待过一段时间，获得了修女们很好的照顾。当我们谈到搬去养老院的必要性时，我们鼓励她回顾这段经历，回想她在那里学会缝纫，回想自己被关爱的安全感。这些场景让她顺利跨越障碍，并且很快融入了新环境。

你做不到的，专业治疗可以帮忙

上述几则例子的主角都有一个共同点：面对晚年失落，不能正常哀悼。他们出于个别原因，无法正视早年的经历，因此也无法走过如埃里克森与维奥斯特所描述的"一个健康的总结过程"（如本章前面所谈）。在每个案例中，当事人不能处理失落的问题，对自己与子女都造成了莫大的痛苦。

这些人都需要专业人士指引他们走过哀悼的过程，接下来的篇幅，就是要讨论这类专业协助。我们在前面已经看到，很多人会抗拒治疗，所以我们会有两个重点，除了介绍相关治疗之外，也强调必须以温和的方式向当事人介绍有这类帮助。

即便是晚年，父母也能从咨询这儿得到启发。与咨询师一对一谈话所获得的关注，或许正可突破危机。有些父母虽然向来拒绝咨询，但面对危机时却也可能愿意卸下心防。

有些人认为"咨询是针对疯子做的事，我又没疯"，但他们或许肯接受特定项目的晤谈。举例来说，案例25的雨果一辈子不信任心理治疗，却可能接受迁居辅导（relocation counseling），以便解决他要搬去哪儿的困境；住进养老院的头几个月，也许他愿意接受适应辅导（adjustment counseling），好融入氛围。同样地，丧偶的父母或许愿意考虑丧亲辅导（bereavement counseling）；若还是难以接受，应该也不排斥找人聊聊他一个个无眠的夜。

有些老人心理治疗师愿意进行家访。父母可能有千百个理由不肯去看咨询师，现在人家愿意上门，并且在他比较有掌控感的环境，他可能就会点头了。

◇ 适当的治疗能帮助人们学会哀悼，无论年纪多大。

◇ 预期性悲伤（anticipatory grieving）大有益处。

有些特别的咨询，对于协助面对失落的效果可能非常好，尤其在挚爱离世前所做的咨询。若死亡过程缓慢，这样的咨询将让生者有机会说出自己所经历的一切，慢慢地与人分享他的负面与愤怒情绪。而这么做，主要是让生存下来的一方更能接受这股怒意，释放出更多爱的感受。有可能父母要你作陪才肯去。如果是这样，你义无反顾，一定要去。那将同时帮助你们亲子双方。

特别是在危机时期，药物对抗焦虑和抑郁的成效极大。最好的途径是带父母去看老年精神科医师，评估用药及回诊需要。如果妈妈怕自己果真精神异常而不肯去怎么办？一个颇有效的方式是，避免使用"精神科医师"这个词，转而说这是能开药解决你失眠、紧张或不管什么问题的"专科医师"。如果妈妈还是不肯，不妨试试家庭医师。家庭医师可能会请教老年精神科医师，以便开出适当的药物。

若还是行不通，那就换个人来劝，也许是某个近亲好友、牧师或师父、父母信赖的律师或会计师等。你也可以写信，把你的担忧告诉父母。我们在第六章介绍过这个技巧。如果都不行，你只好告诉自己，你已经尽力了，放下吧！不过这只是暂时的，过一段时间还是要再试。此时不要对父母太过施压，除非你相信父母有健康上的风险（参考第三章"高风险状况"的例子）。如果不确定风险程度，可请教精神科专家的意见。

◎ **家族治疗。**家人共同参与的治疗，能改善亲子沟通，对双方都有帮助。逃过大屠杀的幸存者与其子女，尤其可以从这种治疗中得到最大帮助。这种途径的另一个优点是，你可以与父母维持适当关系，不致过于密切或疏离。如果父母拒绝参加，也别太难过或意外，你可以先从其他家人或自己开始，让父母想要时再来。

◎ **团体治疗。**尽管排斥独自或与家人一起接受咨询，父母也许肯和有类似处境的同伴共同接受治疗。团体治疗由相关领域的专家带领，他们都受过心理治疗方面的训练。

◎ **互助小组**。许多面临失落的人发现，丧亲或其他主题的互助小组帮助很大。这类团体主持人不见得是专家，有些纯粹是由同伴组成，没有带领人。其意图在于提供支援和鼓励，不像前面的团体治疗，旨在做出心理调适。互助小组对大屠杀幸存者与其家人的疗效卓著。这两种团体都在帮助迟暮的幸存者找出生存的意义，不让问题延续到下一代。这类小组由社区社会服务机构赞助，对许多人都有深远的影响。

◎ **治疗性方案**。无论一对一、家族一起或团体性质，传统治疗不见得适合所有人。有些人在回顾过往后，情况变得更坏，因为被掀起的罪恶感、悲伤、被排斥的感觉力道实在太强。对这类父母而言，比较妥当的治疗方式，或许是让他们投身于某种有意义、可令人快速振奋的活动，像是银发族营养课程、长青中心、YMCA、社区中心等，对年长者都有很正面的作用。各种社会团体也常推出各种义工活动，这对很多人是最好的疗愈方式。

相较于团体治疗，有些人更适合一对一，这点要列入考虑。有位客户说，他经历过最棒的治疗是担任志愿者，去拜访那些无法出门的人。另一个客户，我们则安排每周一次在他家下国际象棋。

记得一点：有很多种替代治疗，会比传统对谈方式更适合某些人，像是艺术治疗、行为改变术、动作治疗、推拿疗法等，这些都可在专业人士的指导下，一对一进行。

说到底，你父母可能仍无法接受上述任何一种治疗。此时，请多多留意本章之前所谈的一切，找出方法来应对被过去阻碍而不能处理失落和哀悼情绪的父母。

让父母在晚年有机会与过去和解

我们要以维奥斯特的话，作为本章的起始与终结："那些失落的经验，无论好或坏，决定了我们成为怎样的人，过着怎样的人生。"

从本章的许多例子中，我们可看到老人家的性格阻碍，导致他们无法面对失落，从而平静地走过哀悼的过程，好好继续过人生。不要忘记，对那些早年遭受遗弃或受到重大创伤打击的人来说，任何的失落、分离、改变，都是非常困难的课题。这时，当年的阴影悄悄浮现，他们也变得比往常更难相处。仅仅这层认知，就有助于改善现况，即使你所能做的只是留意自己的言行，避免踩到地雷。

在父母愿意的范围内，尽力协助他们在晚年总结此生的过程，从而平和地接受一切失落。

如果父母的反应不如预期，身为子女的你也别失望和退却，有可能他们是真的做不到。记着，这不是非黑即白的事；即便父母只流露出一点点哀伤，也好过毫无感受。就算你只能守住不让情况恶化这道底线，也请试着告诉自己，你正遵从医学伦理中的"不造成伤害"（Do no harm）原则，而那已经过时间充分的考验。

9

陪自己优雅快乐地变老

截至目前，此书都在协助成年子女面对难相处的父母，每章都强调两个重点：第一，设法了解父母有此行为的背后成因；第二，运用这层理解，改善你与父母的相处之道。书中所有的建议，无不朝此方向前进。

如果你仔细读过这些章节，应该已能调整你的应对父母之道，了解到如何才能将彼此的关系提升至某种和谐之境。你可能也会发现，这些有关理解与对待父母的建议，同样适用于别人，包括亲戚朋友、同事、配偶及小孩等任何你接触到的对象。对许多读者来说，这已足够。有些人则发现，调整与父母相处的方式后，也看到了一个从未发现的自我。若是这样，继续读下去应该会更有斩获。

这项新的自觉可能促使你自问："有的时候，我是否对配偶、孩子和同事过度挑剔且态度过于负面？我是否支配欲太强？简单说，我对待其他人，是否有点像我那难缠的爸/妈对待我一样？"你可能继而揣测，自己或许继承了父母的模式，或是受从小教养所致，行事作风变得跟父母类似。你也许担心，这些倾向会随着年纪增大而日趋明显——你会越来越固执，无法从容地变老，并由自己最坏的部分主宰一切。最后，你还担心，以后孩子跟你之间将重演现在你和父母的状况。

但请记住：你与父母之间存在一项重大差别——你读过此书，因而能够意识到自己的行为反应，而你的父母没有。有了此认知，你就有机会改变自己。你至今所展现的行为模式，来自遗传、教养和阅历。但请记得：如今你的阅历还包括这份新的自知之明。了解这点，便已踏出自我修正的第一步。老年会不会变得像父母那样难相处，这件事取决于你。有心自我省视，有动力修正不妥的模式，你就无须担心将来子女要买这本书来学习怎么应对你。

意识到自己步上母亲后尘的女儿

要说明此一新洞见的力量，让我们回头看看第5章开始时提及的姐妹俩——苏珊与贝齐。在案例14中，这两位女子自幼被控制型母亲紧紧掌握，直到苏珊再也受不了，最后从咨询师那里获得了向母亲争取一点空间的力量，于是她跟母亲提议：不要每天打电话，改成一周3次。你应该还记得，这位母亲无法忍受自己的权威受到挑战，立刻断绝母女往来，而且还要先生和另一个女儿顺从自己的决定。

凭着咨询师的鼓舞，苏珊得以面对失去双亲及妹妹的痛苦，勇敢向前。相对地，贝齐继续在母亲的轨道上运转，并开始以同样模式对待自己的小孩，直到多年后当她不堪压力而重新联系姐姐，要求她帮忙照顾年迈病弱的父母时，她才缓解了重担，也被迫重新审视当年重大的家庭断裂。以下是两姐妹的部分对谈：

> 贝齐：想到当年你和妈大吵，我就觉得很愧疚。你应该了解，妈把我整个洗脑了，她让我相信你是抛弃我们家的坏女儿。我一直以为自己很孝顺，总是守在爸妈附近，我根本不敢违背妈。你是哪来的勇气敢这么做？
>
> 苏珊：与其说是勇气，更该说我没有选择。我实在受不了每

天打电话给妈。明明没话可说，只因为她这样规定。我开始出现症状，每天一早就给斯坦和同事脸色看，直到打完这通电话为止。我想，我再也无法继续这样下去了。我知道后果会很可怕。我知道妈可能再也不会理我，但我有斯坦，他坚持我应该主动打破这种病态的母女关系。我明白他说的没错，电话问题只不过是妈和我之间的冰山一角而已。我开始去看咨询师，她帮了我很大的忙。通过她，我体会到年幼时自己没有选择的余地，只有乖乖服从妈妈的权威，才能继续拥有一个虽不理想，但已经尽力的母亲。咨询师让我看到，如今我已长大成人，有自己的家，我不需要那样的哺育了。

这段谈话让贝齐大开眼界，让她不仅生平首次了解姐姐，也借此重新评估自己。她是否像当年妈妈紧箍着自己一样，紧箍着孩子？她不想步母亲的后尘——充满怨恨，跟孩子断绝关系。

也许你从贝齐身上看到一点点的自己，若是如此，继续往下读，进一步检视自己的行为模式。

转变态度，抽离父母的制约

仔细观照自己对父母的反应，是个不错的起点。当母亲几乎把你逼到墙角时，你是怎么反应的？退缩、暴怒、转身走人、采取被动攻击模式，还是表现出惩罚性或操控性的举止？换言之，你是不是会出现前几章所谈的类似行为？

有时很难记得自己的反应——昨天是怎么应付父母的，今天就是想不起来。因此，你可以整理一本日记，对你会有帮助。还记得第一章案例1的阿尔吗？当他从剧院比平常稍晚些打电话给母亲时，被母亲挂了电话。我们就力劝阿尔记录下与母亲的互动，建议他在每个页面的左边，写下母亲让他激动的言语，右边则说明当时生起的确切情绪。以下是他获得专业协助之前的记录。

当我妈说：	我觉得：
"你到底去哪里了？"	非常愤怒
不作声，挂我电话	痛苦，被推开，被拒绝
"你不关心我。"	愧疚

看看这些反应跟他母亲有多像。阿尔觉得一切都是冲着他来的，他感觉自己其实更像一个被责骂的小男孩，母亲的言辞对他激起的反应，与当年住在父母家里时他的反应一模一样。他的这些愧疚和愤怒的情绪出于反射，是多年累积内化而成的全自动模式。就像许多成年子女一样，他也觉得自己应该对母亲的忧闷负很大责任，甚至偶尔还考虑换工作，好能多陪陪母亲；但也有时候，他完全不想再跟她碰面。阿尔需要客观地审视他的处境。他陷入了情绪困境之中——与母亲的纠结，让他无法与她建立成人间应有的关系。而通过真实地描绘母亲，他终于能站在比较客观的立场上面对母子关系了。

我对母亲的客观概述：

我妈对我过度依赖。她对我的辱骂毫不讲理，我想这是来自她早年所受的折磨——她母亲的注意力被另一个生病的孩子长期占据，之后多年又被抑郁症缠身。因为长期缺乏母爱，我妈始终未能接纳自己；她自己无法独立，在我的成长过程中也不让我学着自给自足。她一直需要旁人给她安全感：先是自己的母亲，然后是我爸，再来是我。她从不肯学开车、自己开支票，也因为这种心态，她甚至不让我念离家远一点的大学。她从没发展出正常的应对机制。

这份概述，让阿尔得以恢复良好的心态。举例来说，当他发现自己因愧疚而花太多时间在妈妈身上，从而忽略了自己的太太和小孩时，他就可以回想这个概述，进而合理分配时间，坦然接受妈妈的失望，事后也不会对自己的决定感到愧疚不安。现在的他，已经了解妈妈的缺陷，并且知道自己无须为此负责。

通过专业协助，阿尔不再轻易被母亲激怒，内心也平静许多。母亲言行依然，阿尔在日记页面右边写下的内容却大不相同。

当我妈说：	我觉得：
"你到底去哪里了？"	同情，怜悯
不作声，挂我电话	短暂的愤怒
"你不关心我。"	为她感到悲哀

有意思的是，如今当阿尔想到母亲时，心中感觉到的是悲伤。放弃让母亲快乐些的努力之后，最明显的反应出乎他意料——一股失落，甚至哀痛的情绪涌现。为何会这样呢？

父母很难改变，但你可以选择和他们不同的路

前一章我们看到，顺利的哀悼意味着能渐渐接受失去，继续独自前行。反之，若基于任何理由而无法接受失去，就是不顺利的哀悼。

之前提及的苏珊和贝齐，就可以清晰地描绘哀悼在世父母这件事。母亲与苏珊断绝往来，并迫使先生和二女儿贝齐继续听从自己的心意。苏珊顿失双亲与妹妹，虽然她伤心欲绝，但在咨询师的辅导下，最终能勇敢地面对这庞大的失落感，妥善地缓解哀伤。

相较于苏珊，阿尔的失落并没那么严重，也更不明显。他失去的，是一份不切实际的母亲形象。他重新看清母亲的人格，终于能正视母

亲只能从他这边索取，他却没办法给予的现状了。这是他永远无法改变的。简单地说，他明白她不会成为自己心目中理想的母亲。以往不是，以后也不可能。他一直期待母亲有一天能更宽容慈爱，一旦要断绝此想法，着实令人痛苦。对于这种感受，有一位儿子描述得十分生动，他说"那就像一出生就成为孤儿，从没拥有过真正的妈妈。"

阿尔知道，为了婚姻与健康，自己不能每天去看妈妈了。通过咨询，他明白，此举势必会让母亲觉得被抛弃，他也做好了被骂的准备。只不过让他意想不到的是自己的反应。一方面，减少会面让他松了口气；但听到母亲骂他不是"好儿子"，他却不禁涌起一股哀伤。

这些失落都是可以面对的。当阿尔接受母亲的缺陷后，他得到了双份礼物：这份母子关系带来的紧张与压力得以缓解，而且他将学到如何好好变老。回想一下我们在前一章谈到的，老年是回顾一生并与自己和解之时。哀悼失去的能力越强，这个和解的过程就会越理想。阿尔可以趁现在中年锻炼好哀悼的能力，等晚年失落加剧时，会比较有能力从容应对。他不仅能改善与家庭成员的互动方式，自己的老化也将更顺利。他会成为子孙的典范。

还记得前一章案例中，那些没有能力哀悼的人吗？阿尔较幸运的是，他的性格中只有一点点像妈妈，哀悼失去于他相对容易许多。那么，性格几乎是母亲翻版的贝齐呢？记得吧，原本她联系苏珊，只是想得到援手，缓解自己照顾老迈双亲的重担，但苏珊和咨询师却给了她意外的收获。贝齐首度理解姐姐经历了什么，以及她为何离家。她首度了解到母亲的性格，并借此审视自己与母亲的关系。最重要的是，她首度探索自己。要大幅扭转这么多年养成的习性，贝齐会需要比阿尔更久的咨询，而当她了解那会为她和先生、孩子带来什么收获时，她便没有犹豫。

当令你受尽煎熬的父母告别人世

失去父母，令人伤痛。若你对他们曾怀着负面或矛盾情结，伤痛将更大。哀悼这样的父母，比哀悼亲近慈爱的父母复杂许多，其中夹杂着对未曾拥有的某种东西的失落与哀痛。你们再也没有机会修复关系，再也没有机会接纳和爱。许多因失去难缠父母而前来求助的成年子女对我们说，他们主要是为失去的机会感到哀伤。父母一走，一切都结束了，再也没有时间疗愈裂痕或修补关系。

难相处的父母过世，成年子女通常会先感到解脱，丧礼上他们往往没什么感觉，只是深切地意识到：一切到此为止。会觉得解脱是很自然的，因为他们过去承受了太多失望和痛苦。设身处地为他们想，也许你是最后这几个月，甚至这几年的看护者，也许你必须牺牲自己的时间，去照顾一个从来没呵护过你的父母。这一切累积下来的厌恨，很容易在父母死去后化为解脱。你很开心终于可以卸下重担。你感受不到爱，也没有发泄愤怒的对象。当下的你，只剩无感。

也许你觉得可以开始休养生息，就像这位儿子说的："我爸走后我才发现，这些年的担忧与照顾已经把我拖垮。我精疲力竭，好像自己生了一场大病，需要复原。"有些人可能感觉早已度过了哀悼期，如同这位女士告诉我们的："母亲的死，让我觉得如释重负，以及一点点的哀伤。在此之前，我早就对我们之间不曾拥有的，哀悼过很多次了。"

尽管解脱是很自然的初期反应，仍要注意是否有其他需要宣泄的情绪。合上此书继续人生，那很痛快，但我们鼓励你，书仍带在手边，请为还没呈现出来的任何情绪做好准备。对有些人来说，愤怒不会凌驾一切。这是比较安全的感受，可避免压抑美好的记忆。有些人会将父母理想化，一睹物便自责不已。顺利的哀悼，需要更平衡的视角。越了解自己对父母所拥有的复杂情绪，就越能避免让那些问题延续到日常生活中，在你的其他关系里重演。举个例子，你也许会跟手足起冲突，希望从他们身上得到父母不曾给你的；或者，你顶撞老板，就像以往常顶撞父母一样，却没意识到自己正在重蹈覆辙。

好消息是，在生命终结篇来临前，你现在还有成长与自由的机会。无论你是否在父母离开人世前开始哀悼，此刻你仍可以继续。一位客户说："我妈死后我才发现，我耗费了多少心力在讨她开心，提高她的自尊。现在，我终于能开始去发掘自我，好好照顾自己了。"

对某些人而言，这种重新探索的自由令人焦虑。尽管父母不再勒索你的时间和精力，你却仍可能感到不安。实情是，你失去了一种角色：作为难缠父母的子女或看护者。就像任何的失落一样，这样的角色转变也会带来不确定感。

万一你自觉受困，无法顺利地宣泄哀伤，那么，悲伤治疗很有帮助。一位客户珍妮，在她母亲癌症末期时前来求助，她母亲是个极度挑剔的人。通过咨询，珍妮明白了母亲坎坷的早年导致了她的低自尊，从此便开始自己的哀悼过程：哀悼自己从小累积起来的庞大失落，因为母亲从未成为她期待的样子。丧礼时，她能够专注在母亲的优点上，而没有被负面情绪淹没。这样的预期性悲伤治疗，协助她顺利地开始谱写人生新篇章。

父母死后这段时间，你应该视之为过渡期，可以让你寻找真正适合的方向。悲伤治疗对珍妮很有帮助，我们的其他客户则通过各种活动，帮助自己走过这段时期。下面是一些例子。

· 重拾昔日的友谊。

· 担任志愿者。

· 重新调整工作与个人时间的优先级。

· 重拾原有的兴趣与嗜好。

· 重新打开书本，安排休假。

· 完全放空，整理自己。

给自己时间转变和调适，并且好好定义它，这是好事。你需要时间哀伤，然后复原。

照顾好未来的自己

要避免自己成为难相处的人，第一步是自我审视。如果从同事亲友那里得到负面回应，那是种警戒，务必回头检视自己与父母的互动，就像阿尔最近一次被母亲激怒，就像贝齐任凭自己被母亲控制多年后，终于采取的行动。

要是发现自己身上有父母难相处的影子，切勿以为自己注定要走上同样的老年之路。这是你可以改变的事。你有机会加以扭转。这不容易，但请坚持，果实将非常甜美。

人格障碍简介

很多医生以"障碍"一词描述健康问题的各种类型。躯体障碍（像是呼吸障碍）需要描述躯体症状，同样地，情绪障碍则通过行为症状被描述出来。人格障碍是诸多情绪障碍中的一种，《精神疾病诊断与统计手册》第四版（*Diagnostic and Statistical Manual of Mental Disorders, DSM IV*）区别出10种人格障碍，每一种各有某些特定行为。某人若出现其中的部分举止，就会被诊断为该种人格障碍。本书开头调查问卷所列出的，是我们从老人家身上观察到的行为。尽管人格障碍属于精神科领域，却不能因此说有人格障碍的人就一定"精神有问题"。他们只是因某些人格特征而与众不同，也让周遭亲友饱受困扰。

关于人格障碍的专业文献相当多，主要由治疗这些病患的精神科医师所写，其中所谈个案多为青年或中年。老年人因此就诊的人数少之又少。其实通过心理治疗，较年轻的老人家便可以与自己的症状和平共处，展开更愉快的人生。可惜绝大多数人并没有这么做，只能靠着家人，尤其是另一半的支持。直到晚年，自己生病了，老伴或病或离世，这些行为变得愈发严重，让子女不知所措，只好求助于社工师。

当我们深入了解某位长者的行为与背景时，大概就能判断出他有某种人格障碍。这个诊断的主要价值，是让成年子女得以了解困扰父母的原因。有了这层理解，子女就会知道如何修正自己的言行，以免引爆父母最糟糕的反应，也可以采取能帮助父母的行动。知道父母并非故意折磨人，而是真有状况，且那状况如躯体疾患般真实，此时的子女也将能够对父母产生同情。

人格障碍的类型

10种人格障碍中，有两种格外常见，为首的是边缘型人格障碍（borderline personality disorder），再来是自恋型人格障碍（narcissistic personality disorder）。大部分情况下，顾名思义，就像"自恋"一词大家朗朗上口般，我们大概可以想象，自恋型人格障碍这类人会有怎样的行为举止。边缘型就不同了，这是历史的不幸事故，由于当年对此人格障碍几乎一无所知而给了此名称，尽管如今大家对它的认识不断加深，却还是保留了旧称呼。

在一般的认知里，自恋者自视甚高，想必也有极高的自尊。自恋型人格障碍患者却相反，他们因为自尊太低，才需要不断获得旁人的吹捧。调查问卷中有关自我中心与掌控的类型，就是他们最明显的行为。

边缘型人格障碍患者，看似刚好与自恋型相反，自恋型仿佛高居世界顶端，边缘型则如在最底端。他们跟自恋型同样是低自尊，不同的是，他们这点一望即知，有时会被说成是没有自我。调查问卷中，在依赖类型里的黏附他人行为，最能点出此特性。他们的另一种典型就是容易分裂，对周遭亲友忽冷忽热，也许昨天才把儿子捧上天，今天却把他说得一无是处。

实际上，调查问卷中列出的所有行为，都可能在边缘型人格障碍患者身上发现。当然了，最麻烦的要数有自杀风险的自虐行为了。

可以理解的是，情绪障碍不像躯体障碍那么容易找出原因。不过，学者仍掌握了足够的患者信息，可以对造成这两种人格障碍的根源做出推论。

分离理论

以上有关边缘型和自恋型人格障碍患者的简短讨论指出，两者虽外在表现有别，却仍有相似之处。最普遍的理论研究认为，两者都来自童年被抛弃的感受。根据这种学说，孩提时曾发生某事，阻止了他与母亲的适当分离。如果你曾观察过自己或其他小孩的成长，你会知道，小孩在出生几个月后，即开始他成为独立个体的漫长过程；接近1岁，则展开脱离母亲的阶段；2岁小孩许多的负面行为，说明了小孩为争取更多分离与独立的努力。

这个与母亲分离的过程，对每个宝宝来说都很艰难。以不到1岁的婴儿为例，因为跟妈妈的情感联结太深，只要妈妈出现一点分离动作，像是离开房间，他便可能惊慌不已，担心妈妈永远不会回来。大多数的小孩最终还是解决了追求独立的问题，但也有些人永远没能健全地走过这一关。

也许是孩子本身——或许出于基因——过于黏着母亲，以致无法正常分离。也或许这妨碍来自母亲：可能因为她自己的过度依附，阻碍了孩子独立；或某种不可抗的因素，像是疾病，迫使她必须把小孩交给他人，造成提前分离。

通常在生命前3年没成功与母亲分离，便可能会造成学者所称的"被抛弃抑郁"（abandonment depression）。婴孩与母亲的联结受到破坏，这份痛苦会一直持续到孩提时，甚至于成年。走过正常分离的孩子就不是这样，他们的情绪可随着年纪增长而变得成熟。被抛弃的伤痛太深，这些孩子下意识发展出心理防御或应对机制，以缓解那股万念俱灰之感。调查问卷列出的行为，便是这种应对机制的外显方式，综合出现这些行为者，常见于边缘型和自恋型人格。举例来说，一个自恋型母亲的自我行径不断提醒孩子她有多出众，实际上那可能是她在掩盖深沉的忧伤，因为她觉得自己早年被妈妈排斥。另一位有同样问题的母亲，当孩子的表现达不到她的期待时，她马上展现出敌意。

分离理论充分说明了分裂，这种非黑即白是边缘型人格障碍的特征。小孩在分离时期，对妈妈都有矛盾情结，一方面他奋力争取独立，一方面又小心翼翼不敢走太远，随时留神母亲是否还在旁边。在婴儿简单的观念中，妈妈分裂为两个人：一个是剥夺性的"坏"母亲，是他要争取独立的对象；一个是慈爱的"好"母亲，当他开疆拓土需要支援时，她永远在那里。

一般的孩子，早年即懂得融合好与坏两种母亲的形象，学会接受母亲是集优缺点于一身的整体。与妈妈分离的过程，会从婴儿持续到孩提，直至青少年。相对地，有分离问题的小孩，始终维持两种形象，在成长过程中，他仍像当年蹒跚学步的婴儿，总想从"好"妈妈那里寻求慰藉，以对抗被"坏"妈妈抛弃的忧伤。年纪渐长，他仍然无法理解母亲是有多种面貌的个体，以致仍像个婴儿般，始终无法解决"好"妈妈和"坏"妈妈分裂的问题。

再长大些，这个人可能把对母亲的爱恨关系，先移转给配偶，之后再转给成年子女。他对这世界的分裂观点不会改变，除非经过长时间的心理治疗。之前我们说过，这类人格障碍患者，大多数都无法也不肯做改变，也因此，老年人中存有极高比例的边缘型人格。

在我们执业碰到过的许多备受折磨的老年人中，有很多都可以用分离理论来充分解释。一旦我们能说服成年子女，父母的行为是出于怕再度被抛弃的恐惧，子女便可以留意避开那些导火线。如果子女了解到，具备这种人格的母亲，一旦分离在即就完全无法自控，子女将可在应对母亲与降低自己的焦虑上，获得明显突破。

虐待理论

第二种常见理论认为，边缘型人格障碍源于性侵害或其他虐待等重大创伤，术语称之为"创伤后压力症候群"，我们在第7章和第8章谈过。这种理论是近年才兴起的，治疗师观察到，有显著比例的边缘型人格障碍患者，自称早年受到侵害。根据此理论，早年的受虐者，之后会不自觉地重演创伤。一旦了解这些背景，心理治疗师便能更有效地治疗病患。

遭受过性方面、身体或情绪虐待的受害者，不只会留下虐待本身所造成的精神创伤，还有被父母遗弃的心痛。施虐的父亲有违保护天职，抛弃子女；与此同时，孩子也会认为母亲没有保护他，同样抛弃了他。假如施虐者另有其人，则无论状况如何，孩子都会认为父母没有保护他，觉得自己被父母抛弃。所以，就像分离不当会形成被抛弃的恐惧一样，虐待也是如此。于是，面对老年父母与家人，潜在的被抛弃论点成了我们最有意义的工具。

如果成年子女对父母的背景有足够多的了解，知道或怀疑虐待情况的事实，就能够衍生同情，并包容父母折磨人的行为。然而，一般来说，子女所知甚少，因为父母用尽气力压抑那些梦魇。此时，子女只有穷尽想象，或从其他亲人口中拼凑出真相了。

图书在版编目（CIP）数据

如果父母老后难相处 /（美）格雷丝·勒博,（美）
芭芭拉·凯恩著；刘慧玉译 .-- 成都：四川人民出版
社, 2020.12

ISBN 978-7-220-11944-6

Ⅰ.①如… Ⅱ.①格…②芭…③刘… Ⅲ.①老年心
理学—通俗读物 Ⅳ.①B844.4

中国版本图书馆CIP数据核字(2020)第153528号

四川省版权局
著作权合同登记号
图字：21-2020-344

COPING WITH YOUR DIFFICULT OLDER PARENT: A GUIDE FOR STRESSED-OUT
CHILDREN By GRACE LEBOW, IRWIN LEBOW, BARBARA KANE, BARBARA W KANE
Copyright:©1999 BY GRACE LEBOW AND BARBARA KANE
This edition arranged with Audrey Wolf Literary Agent
Through BIG APPLE AGENCY, INC, LABUAN, MALAYSIA.
Simplified Chinese edition copyright:
2020 Ginkgo (Beijing) Book CO., Ltd.
All rights reserved.
本书中文译稿由大雁文化事业股份有限公司·橡实文化授权使用
本书中文简体版权归属于银杏树下（北京）图书有限责任公司

RUGUO FUMU LAOHOU NAN XIANGCHU

如果父母老后难相处

著　　者	［美］格雷丝·勒博　［美］芭芭拉·凯恩
译　　者	刘慧玉
选题策划	后浪出版公司
出版统筹	吴兴元
编辑统筹	郝明慧
特约编辑	程培沛
责任编辑	张　丹
装帧制造	墨白空间·张萌
营销推广	ONEBOOK
出版发行	四川人民出版社（成都槐树街2号）
网　　址	http://www.scpph.com
E - mail	scrmcbs@sina.com
印　　刷	天津创先河普业印刷有限公司
成品尺寸	143mm×210mm
印　　张	6
字　　数	140千
版　　次	2020年12月第1版
印　　次	2020年12月第1次
书　　号	978-7-220-11944-6
定　　价	56.00元